LEÇONS

D'ASTRONOMIE.

IMPRIMERIE D'HIPPOLYTE TILLIARD,

RUE SAINT-HYACINTHE-SAINT-MICHEL, 30.

LEÇONS
D'ASTRONOMIE

PROFESSÉES

A L'OBSERVATOIRE ROYAL,

PAR M. ARAGO,

MEMBRE DE L'INSTITUT.

NOUVELLE ÉDITION,

AUGMENTÉE DE SES DERNIÈRES LEÇONS, AVEC DE NOUVELLES VUES
SUR LES COMÈTES, LES AÉROLITHES, ETC.

Accompagnée de 5 planches gravées.

PARIS.

JUST ROUVIER ET E. LE BOUVIER,
LIBRAIRES, RUE DE L'ÉCOLE DE MÉDECINE, 8.

1836.

OUVRAGES NOUVEAUX

QUI SE TROUVENT A PARIS,

Chez JUST ROUVIER et E. LE BOUVIER,

LIBRAIRES,

Rue de l'École-de-Médecine, n° 8.

MANUEL COMPLET DE PHYSIQUE ET DE MÉTÉOROLOGIE, par AJASSON de GRANDSAGNE et FOUCHÉ. Seconde édition revue et augmentée, ornée de six planches représentant plus de 300 figures. 1 fort vol. grand in-18. Prix : 6 fr.

L'accueil favorable qu'a reçu cet ouvrage, le succès mérité qu'il a obtenu et l'épuisement rapide de la première édition, nous dispensent de tout éloge pour cette seconde édition ; il nous suffira de dire qu'elle a été mise entièrement au niveau de la science, et que des parties toutes nouvelles y ont été traitées avec le même esprit de rédaction qui a fait le mérite de la première publication. La clarté et l'exactitude des observations que renferme cet ouvrage, les nombreuses planches qui l'accompagnent et son prix modéré lui donnent un immense avantage sur tout autre du même genre, et chacun pourra le reconnaître.

BOTANIQUE ou notions élémentaires et pratiques sur l'histoire naturelle des plantes, par C. LE BLOND et V. RENDU. 1 volume in-8° Prix br. 2. fr. 50. — cart. 2 fr. 75 c.

EXTRAIT DU RAPPORT
FAIT AU MINISTRE DE L'INSTRUCTION PUBLIQUE,
PAR M. F. CUVIER,
Membre de l'académie des sciences.

L'objet de MM. Le Blond et Rendu a été d'abord de faire connaître, par des définitions explicatives et des exemples, toutes les parties dont les plantes se composent, et les modifications principales sous lesquelles ces parties s'offrent à nous; et ensuite de présenter, à l'aide de ces premières connaissances, un tableau méthodique du règne végétal. Leur analyse de la plante est faite avec méthode, et portée aussi loin que le demandent des connaissances élémentaires de botanique. La définition qu'ils donnent de chacune des parties qu'ils considèrent, est exprimée avec clarté, quoique avec concision, et les exemples sur lesquels leurs définitions s'appuient, sont toujours bien choisis.

L'ENTOMOLOGIE, ou l'histoire naturelle des insectes, enseignée en 15 leçons, contenant les élémens de cette science, etc. 1 vol. in-12, orné de 75 fig.   prix 6 fr.

COURS DE CHIMIE GÉNÉRALE, par LAUGIER, professeur de chimie à l'école de pharmacie de Paris et au jardin du roi. 3 volumes in-8° et atlas de planches.
Prix : 18 fr.

Cet ouvrage forme un traité élémentaire de chimie des plus complets. La clarté, et la méthode adoptée dans cette publication, la rendent éminemment utile aux personnes qui désirent avoir quelques notions de la chimie.

Après avoir lu cet ouvrage en entier, chacun pourra voir parfaitement clair dans une science que l'on croit être impénétrable, et qui pourtant n'est composée que de faits parfaitement accessibles à toutes les intelligences, et constamment invariables, comme les lois qui les produisent.

Le brillant succès que ce Cours a obtenu, en prouve au surplus le haut mérite, et ce livre est regardé aujourd'hui comme un des ouvrages classiques les plus recommandables.

DE L'HOMME, CONSIDÉRÉ EN GRAND, sous le rapport des appareils et des fonctions. Par le Docteur BROC, professeur d'anatomie et de physiologie, etc. 1 fort vol. in-8º et un atlas de planches in-4º, avec explication. Prix : 14 fr.

Les gens du monde étudieront avec fruit cet ouvrage, dont le but est de faire connaître la structure de l'homme et toutes ses fonctions. On acquerra ces connaissances avec d'autant plus de facilité, qu'elles sont présentées sous une forme attrayante, et qu'on pourra ainsi apprendre l'anatomie sans dégoût. Ce volume contient en outre une analyse raisonnée du système de Gall sur les fonctions du cerveau, un traité des sens, et une Physiologie philosophique.

ÉDUCATION PHYSIQUE DES JEUNES FILLES ou hygiène de la femme, avant le mariage. Par BUREAUD-RIOFREY, Docteur en médecine. etc. 1 vol. in-8º avec planche. Prix : 6 fr.

PHYSIOLOGIE DE L'HOMME ALIÉNÉ, appliquée à l'analyse de l'homme social, par S. PINEL, médecin surveillant des aliénés de la Salpêtrière. 1 vol in-8º.— Prix : 6 fr.

PROMENADE DANS LA SUISSE Occidentale et le Valais, par FÉE, professeur à la Faculté de Médecine de Strasbourg; un beau vol. in-8o. Prix : 7 fr.

DU POUVOIR DE L'IMAGINATION sur le physique et le moral de l'homme. Par DEMANGEON. 1 vol. in-8o. Prix : 7 fr.

GÉNÉRATION DE L'HOMME, ou de la production des sexes, de la fécondité, de la stérilité et de la durée des gestations, etc. Par DEMANGEON, 1 vol. in-8o.— Prix : 5 fr.

NOUVEAU TRAITÉ D'HYGIÈNE de la jeunesse, suivi de considérations sur les moyens propres à prévenir les maladies les plus fréquentes au jeune âge; par SIMON (de Metz). 1 vol. in-8o.—Prix : 3 fr. 50 c.

L'ART D'ÉLEVER LES ENFANS, considérations sur l'éducation physique et morale; par FROISSENT. 1 vol. in-8o. Prix : 5 fr.

ESSAI HISTORIQUE SUR DUPUYTREN; par VIDAL (de Cassis), professeur agrégé, etc. Suivi des discours prononcés par MM. ORFILA, LARREY, BOUILLAUD, ROYER-COLLARD, etc. In-8 avec le portrait de Dupuytren. Prix : 1 fr. 75 cent.

PREFACE.

Voici la seconde édition des *Leçons d'Astronomie* que nous avons publiées il y a quelques mois. Nous n'avons rien négligé pour la rendre encore plus digne de la faveur qui accueillit la pre-

mière. Des questions neuves, des di-
gressions pleines d'intérêt, des déve-
loppements plus étendus ayant donné
au cours de cette année une physio-
nomie nouvelle, nous nous sommes
attachés à la reproduire avec fidélité.
Dans la préface de la première édition de
cet ouvrage, nous faisions connaître le
rang qu'occupe aujourd'hui l'astronomie,
et pourquoi cette science était démeurée
jusqu'à ce jour la proie des savants : c'est
que les livres, hérissés de difficultés, en
rendaient l'accès impossible aux personnes peu versées dans les mathémathiques.
Il fallait donc faire un ouvrage à la portée
de toutes les intelligences, en lui donnant une forme élémentaire, sans rien

sacrifier du fond; mais il n'était donné qu'à M. Arago, à ce célèbre interprète des astres, de résoudre aussi admirablement un problème aussi difficile. Enfin, voulant contribuer, autant qu'il est en nous, à populariser une science encore trop ignorée, et désirant surtout satisfaire aux nombreuses demandes qui nous sont adressées par les colléges, nous avons voulu rendre cette édition classique. La modicité du prix, et surtout la clarté des descriptions, font des leçons de M. Arago un ouvrage à la portée de toutes les classes.

LEÇONS

D'ASTRONOMIE.

PREMIÈRE LEÇON.

DES INSTRUMENTS ASTRONOMIQUES.

Avant d'entrer dans le domaine de l'astronomie proprement dite, il est important de connaître les instruments que l'optique a mis au service de cette science, à laquelle ils ont fait faire de si grands pas; instruments dont la puissance a agrandi la sphère d'activité de nos organes, au point de mettre en quelque sorte le monde à notre portée. L'étude de ces instruments sera l'objet de cette première leçon.

La construction des télescopes reposant sur la réflexion de la lumière et celle des lunettes sur la réfraction, étudions d'abord ces deux importantes propriétés du fluide lumineux.

1

LOIS GÉNÉRALES DE LA RÉFLEXION DE LA LUMIÈRE.

Si l'on fait tomber obliquement un trait de lumière solaire sur une surface polie, on remarque les phénomènes suivants :

1° Une partie du trait lumineux est réfléchie sous une certaine direction, et si l'on place l'œil sur cette direction, on voit une image du soleil dans le prolongement du rayon réfléchi ;

2° Le point où le rayon incident rencontre la surface polie, est visible dans toutes les directions ; mais il paraît incomparablement moins lumineux que si on le regarde sous la direction du rayon réfléchi, la seule qui donne une image régulière du soleil ;

3° Une portion de la lumière incidente échappe à la réflexion, et traverse, suivant des lois que nous déterminerons, la substance de la lame, si elle est diaphane. Si la lame est opaque, la même portion de lumière est absorbée.

Ainsi trois phénomènes bien distincts : une partie de la lumière incidente est réfléchie régulièrement, suivant une direction spéciale ; une autre partie est réfléchie indifféremment de toutes parts, et disséminée, comme si le corps n'était pas poli ; enfin le reste passe ou est absorbé.

Mais quelle est la direction suivie par la portion de lumière régulièrement réfléchie ? On trouve :

1° *Que le rayon incident et le rayon réflechi sont compris dans un même plan perpendiculaire à la surface réfléchissante ;*

2° *Que le rayon incident et le rayon réfléchi forment toujours avec la surface réfléchissante des angles égaux*, ou que *l'angle de réflexion et l'angle d'incidence sont égaux.*

Telles sont les deux lois générales de la réflexion. Elles vont nous expliquer sans effort la formation des images par cette voie.

Prenons d'abord un miroir plan ; soit , fig. 1, pl. 1, S un point rayonnant, O l'œil d'un observateur, et A B le plan réflecteur. Parmi tous les rayons lumineux qui émanent de S, il y en aura un, tel que S I, qui, après s'être réfléchi sur le miroir, ira rencontrer l'œil en O, suivant la direction I O, faisant ainsi l'angle d'incidence égal à l'angle de réflexion. Menons , du point rayonnant S, une perpendiculaire S A qui rencontre en A la surface réfléchissante; prolongeons cette perpendiculaire vers l'autre côté du miroir, d'une quantité A D égale à S A : puis , du point D, menons la ligne D O dirigée vers l'œil ; D O sera la direction du rayon réfléchi, et le point I, où elle coupe la surface du miroir, sera le point d'incidence. De plus, si l'objet lumineux et l'œil sont supposés des points mathématiques sans étendue sensible, le rayon déterminé par la règle précédente est le seul qui puisse être réfléchi vers l'œil.

Mais l'ouverture de la pupille qui admet les rayons dans l'œil, n'est pas un point mathématique ; c'est un espace qui, dans l'homme, a environ deux millimètres de diamètre, et que nous pouvons représenter par L L, fig. 2. Tous les rayons réfléchis qui pourront entrer dans cette ouverture, parviendront donc jusqu'à la rétine, et contribueront à la vision. Or, chacun d'eux se détermine par la même construction que nous venons d'employer tout-à-l'heure ; de là il est évident qu'ils formeront un cône à base circulaire, dont la pointe sera D, et la base L L. Il est de fait que l'œil, lorsqu'il peut apprécier librement la distance des points lumineux, les suppose placés au point d'où divergent les rayons qu'ils lui envoient. Ainsi, l'œil étant placé en O, le point lumineux, vu par réflexion, paraîtra en D, c'est-à-dire, autant derrière le miroir qu'il est réellement en avant.

Si l'objet rayonnant a une certaine étendue, chacun des points rayonnants qui le composent fera son image à part, suivant les lois que nous venons d'expliquer, et l'ensemble de ces images composera celle de l'objet. Supposons, par exemple, que celui-ci soit une flèche S S', fig. 3; la base S de la flèche fera son image en D, le point S' fera la sienne en D', et les points intermédiaires donneront la leur sur la droite DD'. Ainsi l'image entière sera comprise entre les pinceaux réfléchis extrêmes DO, D'O; sa grandeur absolue D D' sera égale à S S', c'est-à-dire, à celle de l'objet lui-même ; mais elle paraîtra renversée de droite à gauche.

Ce qui précède suffit pour résoudre toutes les questions que l'on peut se proposer, relativement à la réflexion de la lumière et à la vision des objets par des miroirs plans.

Quant aux surfaces courbes, quelle que soit d'ailleurs leur figure, pour déterminer en général le lieu apparent, la forme et la grandeur des images qu'elles réfléchissent, il suffit de concevoir la réflexion de chaque rayon lumineux comme se faisant sur le plan tangent à la surface au point d'incidence. Mais dans les usages pratiques, il est inutile de s'élever à cette généralité, car on n'y emploie jamais que des miroirs sphériques concaves ou convexes, les seuls que l'on puisse travailler et polir avec exactitude ; et même, pour en obtenir des images nettes, il faut que les rayons lumineux tombent presque perpendiculairement sur leur surface. Aussi nous bornerons-nous à l'examen de ce seul cas.

Supposons donc, dans l'espace, un point lumineux lançant ses rayons sur les diverses parties d'une surface sphérique quelconque, concave ou convexe, et isolant un d'entre eux, cherchons à déterminer la direction suivant laquelle il se réfléchira.

Soit M A M', fig. 4, le miroir sphérique, S le point lumineux, et S I le rayon incident que nous considérons. Du point I, au centre de la sphère, menons la normale I C, et prenons l'angle C I R égal à C I S ; I R sera la direction du rayon réfléchi.

Si l'on répète la même construction pour tous les rayons incidents émanés de S, on trouve, par le tracé comme par le calcul, que les rayons réflechis vont passer très près les uns des autres, dans un petit espace qu'on appelle le *foyer*, pour y former, par leur concentration, une image du point S. C'est ce que l'expérience confirme.

Un raisonnement et une construction analo gues feraient voir que l'image produite par un miroir convexe est toujours idéale et se forme au-delà du miroir, de sorte qu'on peut simplement la voir à l'œil nu, mais non la réaliser sur un verre dépoli ou sur un écran.

LOIS GÉNÉRALES DE LA RÉFRACTION
DE LA LUMIÈRE.

Nous venons de voir comment se comporte la portion du rayon lumineux qui se réfléchit à la surface des corps, suivons maintenant celle qui traverse leur substance.

Celle-ci, lorsque l'incidence est oblique, ne continue pas sa route en ligne droite; elle se dévie de sa direction. C'est ce phénomène qu'on appelle *la réfraction de la lumière*.

Toutes les fois qu'un rayon lumineux passe obliquement d'un milieu dans un autre, il se réfracte, et l'étendue de la déviation dépend de la différence qui existe entre la densité et la nature des deux milieux. Dans tous les corps non cristallisés, le rayon réfracté est simple, et suit le prolongement du plan d'incidence. Il se rapproche ou s'écarte de la normale à la surface commune des deux milieux, selon qu'il passe du plus rare dans le plus dense, ou du plus dense dans le plus rare.

Reste à déterminer le rapport qui existe, pour chaque incidence, entre l'obliquité du rayon incident sur la normale et celle du rayon réfracté, afin de pouvoir calculer l'une de ces directions, l'autre étant connue. On arrive aux deux lois suivantes découvertes par Descartes :

1° *Le rayon incident et le rayon réfracté sont toujours compris dans un même plan, normal à la surface commune des deux milieux;*

2° *Le sinus de l'angle de réfraction est au sinus de l'angle d'incidence dans un rapport constant sous toutes les incidences pour les mêmes milieux.* C'est ce qu'on appelle le *rapport de réfraction.*

L'acte de la réfraction est toujours accompagné d'un phénomène remarquable. Le rayon réfracté se décompose en rayons de diverses couleurs, dont la réfrangibilité va en augmentant, du rayon rouge où elle est à son minimum, au rayon violet où elle atteint son maximum. C'est le phénomène de *la dispersion de la lumière.*

Outre les sept couleurs prismatiques, les expériences accusent encore dans le rayon réfracté des rayons calorifiques, dont l'intensité va en augmentant, à partir du rayon violet jusqu'au-delà du rouge, et des rayons chimiques, dont l'intensité suit une marche diamétralement opposée, c'est-à-dire, qu'elle est à son minimum dans le rayon rouge, et que son maximum est au-delà du rayon violet.

DES LENTILLES.

Lorsqu'un rayon lumineux est reçu sur un prisme de verre, il se réfracte et se rapproche de la base du prisme, en se conformant d'ailleurs aux lois que nous venons d'exposer. Or, on peut concevoir un système, un assemblage de prismes taillés et disposés de telle sorte, que les rayons par eux réfractés concourent en un même point. On sent tout d'abord combien il serait important de pouvoir ainsi concentrer un grand nombre de rayons lumineux. Mais la difficulté de confectionner avec assez de précision un semblable appareil aurait opposé de grands obstacles aux progrès de la science, si, par un bonheur inespéré, il ne se fût trouvé tout construit dans les lentilles sphériques, qui ne sont autre chose qu'un assemblage de prismes, et dont l'exécution s'obtient avec exactitude et facilité.

On en distingue de plusieurs espèces :

1° Verre doublement convexe, fig. 5. La ressemblance de cette espèce de verre avec une lentille, lui en a fait donner le nom, qui s'est étendu à tous les autres verres sphériques ;

2° Plan convexe, fig. 6 ;

3° Concave convexe, fig. 7 et fig. 8 ;

4° Plan concave, fig. 9 ;

5° Doublement concave, fig. 10.

Toutes ces formes de verres sphériques peuvent se ranger dans deux classes, selon que la base ou la pointe des prismes est tournée vers l'axe de la lentille ; et comme la réfraction se fait toujours vers la base du prisme, les premiers feront converger, et les seconds diverger les rayons lumineux qui tomberont parallèlement sur leurs surfaces : aussi appelle-t-on les uns *verres convergents*, et les autres *verres divergents*.

On sait comment ces verres viennent au secours des vues trop longues ou trop courtes, en corrigeant la convergence trop faible ou trop grande de l'œil chez les presbytes et chez les myopes. Notre objet n'est point de nous y arrêter.

Faisons tomber un faisceau de rayons parallèles sur une lentille convexe, et examinons de plus près le phénomène, fig. 11. Parmi les rayons incidents, il en est un qui coïncide avec l'axe de la lentille, et la traverse sans se réfracter. Mais il n'en est pas ainsi des autres : ceux-ci éprouvent une réfraction d'autant plus forte, qu'ils s'éloignent davantage de l'axe, de telle sorte qu'ils viennent tous converger au même point F. Ce point s'appelle le foyer de la lentille. On voit que plus la convexité de la lentille sera grande, plus la réfraction sera forte, et par conséquent plus le foyer sera rapproché.

Réciproquement, si, arrivés au foyer F, les rayons lumineux reviennent sur leurs pas, ils seront réfractés par la lentille, et sortiront tous parallèles : d'où cette conséquence remarquable que si, du foyer d'une lentille, des rayons lumineux sont dirigés sur tous les points de sa surface, ils forment, à leur émersion, un faisceau parallèle.

Cette propriété des lentilles a donné naissance à un appareil fort utile, car elle sert de base à la construction des phares, qui ne sont autre chose qu'un assemblage de quatre lentilles, au foyer commun desquelles est placée une lampe. Les rayons lumineux qui s'en échappent, réunis en faisceaux parallèles au sortir des lentilles, et ne s'affaiblissant plus par la dispersion, ne perdent de leur intensité que ce qui est absorbé par l'imparfaite diaphanéité de l'atmosphère, e peuvent ainsi éclairer les points les plus éloignés de l'horizon. Mais comme le diamètre de ces faisceaux lumineux est nécessairement circonscrit, et que, malgré l'excentricité de la lampe, sa lumière n'éclaire à la fois qu'une partie de l'horizon, on a imaginé, pour la porter successivement sur tous les points, de faire tourner le phare sur lui-même dans un temps connu, et qui, variant pour chaque phare, sert à les faire distinguer les uns des autres. Ainsi, cet utile appareil, non-seulement avertit le navigateur de l'approche de la côte, mais il lui indique en outre sa position, par son mode de rotation.

Une autre propriété des lentilles, c'est de grossir les images des objets. Rappelons-nous que les dimensions apparentes d'un corps dépendent de l'angle sous lequel il est vu, et que cet angle varie en raison inverse de la distance de l'objet à l'œil de l'observateur. D'où il suit que, pour voir un objet avec de grandes dimensions, il suffirait de le mettre tout près de l'œil, si la vision pouvait alors s'opérer sans confusion; mais la divergence des rayons rend l'image confuse. Pour y remédier, regardons l'objet avec une lentille convergente. Le parallélisme des rayons permettra à l'œil de s'approcher autant qu'on voudra, et limage de l'objet paraîtra sous un angle égal à celui sous lequel l'objet paraîtrait à la vue simple, si la vision pouvait s'opérer directement à une aussi faible distance. On voit par là que le pouvoir grossissant d'une lentille est d'autant plus grand que sa distance focale est plus petite.

Dans l'expérience dont nous venons de parler, l'idée que nous nous formons de la grandeur réelle de l'objet, est déterminée par l'angle sous lequel il est vu, sans que nous puissions la modifier par aucune expérience préalable sur les rapports des distances avec les angles visuels. Il n'en est pas ainsi dans l'acte ordinaire de la vision ; car, dans le jugement que nous portons de la grandeur des objets, il entre deux choses, l'angle sous lequel nous les voyons et la distance à laquelle nous les supposons. C'est ainsi que nous jugeons fort bien de la taille de deux hommes placés à des distances inégales de nous, et conséquemment vus sous des angles différents, parce que nous tenons compte de la distance. Cela est si vrai, que cette habitude involontaire de tenir un compte rigoureux de la distance nous jette en erreur sur les dimensions réelles de l'objet, lorsque nous nous trompons sur la distance. C'est ainsi que les objets que nous regardons avec les lunettes de spectacle ne nous semblent pas grossir, parce que nous les croyons plus près, et cependant ces sortes de lunettes grossissent deux ou trois fois, comme on s'en convainc en regardant le même objet, un œil dans la lunette et l'autre œil nu. Voici un autre expérience : placez un objet sur un plan horizontal, et mettez votre œil dans le prolongement de ce plan, puis regardez l'objet, en poussant un peu avec le doigt la paupière inférieure, de manière à voir deux images, celle qui est le plus rapprochée vous paraîtra plus petite que l'autre, et vous semblera diminuer à mesure qu'elle se rapprochera davantage. Et ce qui prouve que la distance supposée vous fait seule porter ce jugement sur la grandeur respective des images, c'est qu'elles vous paraîtront d'égale grandeur, quand vous aurez placé l'objet sur un plan vertical, de manière à obtenir ces deux images au-dessous l'une de l'autre.

Mais revenons aux lentilles. Nous avons vu selon quelles lois se réfracte un faisceau de rayons parallèles; voyons comment se réfracteront les rayons émanés des divers points d'un objet. Soit A B, fig. 12, un objet éclairé. Il est évident que de chacun des points de cet objet partira un faisceau lumineux, dont le point de convergence se trouvera quelque part sur le prolongement de celui des rayons de ce faisceau qui, ayant rencontré deux faces parallèles, n'a pas subi de réfraction. Le point A se dessinera ainsi en A', le point B en B', et les points intermédiaire sur la ligne qui joint A' et B'; et si l'on reçoit ces rayons sur une feuille de papier ou de verre dépoli, on verra une image renversée de l'objet A B.

Nous avons vu précédemment qu'un rayon de lumière solaire réfracté se décompose en rayons de diverses couleurs. Cette décomposition colore

les images et les rend confuses. Cet inconvénient
est si grave que Newton, n'y trouvant pas de
remède, y vit la condamnation en dernier res-
sort de lunettes, pour les opérations astronomiques; mais on a heureusement trouvé depuis le
moyen de parer à cet inconvénient. Ce moyen
consiste à assembler des lentilles de substances,
qui, tout en dispersant également la lumière, la
réfractent pourtant inégalement. Le *crownglass*
et le *flintglass* remplissent ces conditions, et c'est
en combinant, dans les proportions requises, ces
deux espèces de verres, qu'on est parvenu à
obtenir les objectifs acromatiques, dont on fait
usage aujourd'hui.

DES LUNETTES ET DES TÉLESCOPES.

Les lunettes astronomiques peuvent être considérées comme essentiellement composées de
deux verres. L'un, que l'on nomme l'*objectif*,
reçoit les rayons lumineux qui viennent de l'objet, et en forme une image à son foyer; l'autre,
qu'on nomme l'*oculaire*, se place près de l'œil,
et sert à regarder cette image. Le grossissement,
dans cette espèce de lunettes, provient de deux
causes : l'image formée au foyer est déjà grossie,
lorsqu'on la regarde à l'œil nu, parce qu'on ne

s'en place qu'à sept ou huit pouces, distance
beaucoup moindre que celle qui sépare la lentille du foyer, et qu'on la voit ainsi sous un plus
grand angle; mais son grossissement est sur-tout
produit par l'oculaire, qui est une loupe dont
la distance focale est très courte. Les lunettes
astronomiques sont très puissantes ; il en est qui
grossissent jusqu'à un millier de fois les objets.

Les télescopes se composent d'un miroir métallique, poli, au foyer duquel l'image se dessine
par voie de réflexion. Mais comme cette image
ne peut se voir à travers le réflecteur, on emploie un petit miroir pour la rejeter latérale-
ment, ou bien derrière le réflecteur, à travers
une petite ouverture pratiquée à cet effet. L'inconvénient de cette double réflexion est d'affai-
blir considérablement la lumière, car on sait
que le miroir le plus poli ne réfléchit guère que
la moitié de la lumière incidente. Ainsi, à dimensions égales, un télescope n'a que le quart du
pouvoir amplificatif d'une lunette, car la réfraction n'affaiblit pas sensiblement la lumière.

Pour mesurer la hauteur des astres, et pour
une foule d'autres opérations, les lunettes portent dans leur champ des fils métalliques diversement disposés, et dont la ténuité est extrême,
puisqu'ils sont beaucoup plus fins que des fils
d'araignée. Le procédé, au moyen duquel on les

obtient, est ingénieux. Ces fils, qui sont en platine, sont d'abord amincis à la filière, autant que cette opération peut le permettre. Ils sont ensuite mis dans des cylindres où l'on fond de l'argent, et forment ainsi l'axe de ces cylindres d'argent, qui, passés eux-mêmes à la filière, sont réduits en fils. Le platine s'est aminci en proportion, et, pour le dégager, on plonge le tout dans l'acide nitrique, qui dissout l'argent sans agir sur le platine.

CONFORMATION DE L'OEIL.

Nous terminerons cette première leçon par l'étude de l'organe de la vision, le plus merveilleux des instrumens d'optique. Chez l'homme, cet organe est formé de divers milieux diaphanes, dont les courbures et les forces réfringentes sont combinées de manière à corriger les aberrations de sphéricité et de réfrangibilité. Les images se forment sur une membrane nerveuse qui tapisse le fond de l'œil, et transmet au cerveau les sensations qu'elle éprouve.

Cet organe se compose de trois milieux, qui diffèrent de formes et de forces réfringentes. Le premier est un ménisque convexe concave, rempli d'une liqueur diaphane, semblable, en apparence, à de l'eau, et que, pour cette raison, l'on nommé l'*humeur aqueuse*. Vient ensuite un corps solide, diaphane, qui a la forme d'une lentille convergente, et que l'on appelle le *cristallin*. Il est plus plat en avant qu'en arrière, et s'aplatit de plus en plus avec l'âge. Enfin, dans toute la cavité postérieure, se trouve un liquide visqueux, semblable à du verre fondu, et que l'on nomme par cette raison l'*humeur vitrée*. L'enveloppe qui contient tout ce système peut être considérée comme formée par le prolongement et l'extension des téguments du nerf optique. Le tégument le plus extérieur donne naissance à l'enveloppe, qui est dure, opaque, mais cependant flexible à la manière de la corne, et que l'on a nommée, pour cette raison, *sclérotique* ou *cornée opaque*. Mais en arrivant au-devant de l'œil, cette membrane s'amincit, et devient diaphane comme un verre de montre, ce qui était nécessaire pour qu'elle donnât passage à la lumière ; alors elle prend le nom de *cornée transparente*. En cet endroit, elle est recouverte au-dehors par la peau, devenue d'une extrême minceur. La seconde enveloppe du nerf optique s'épanouit au-dessous de la précédente, et forme une couche appelée *choroïde*, qui est enduite d'une liqueur noire ; car, de même que nous noircissons l'intérieur des tuyaux de nos lunettes, il fallait que l'intérieur de notre œil fût noirci, pour éviter la confusion qui serait résultée des réflexions multipliées des rayons. Enfin, la portion intérieure et médullaire du nerf optique s'épanouissant à son tour, comme les précédentes, forme une membrane nerveuse, d'un gris blanchâtre, qui s'applique sur la choroïde, et que l'on appelle la *rétine*. On présume que c'est sur elle que s'opère la sensation.

Maintenant, il est aisé de voir comment s'opère l'acte de la vision. Les rayons émanés des objets extérieurs tombent sur la cornée transparente, traversent l'humeur aqueuse, le cristallin, l'humeur vitrée, et vont se concentrer sur la rétine, au foyer de l'instrument, où ils forment une petite image renversée. Ce résultat se vérifie sur des yeux d'hommes ou d'animaux, extraits peu de temps après la mort. Si l'on amincit, en effet, la partie supérieure de la sclérotique, et qu'on place au-devant de l'œil, à une distance convenable, un objet lumineux, on voit, en regardant par derrière, se former sur le fond de l'œil une image bien nette de l'objet, laquelle varie en raison inverse de la distance.

Dans les instruments d'optique, la vision ne s'opère avec netteté à des distances inégales, qu'à la condition de varier proportionnellement les longueurs focales de la lunette. Par quel mécanisme cette condition se trouve-t-elle remplie dans l'œil, où la vision s'opère également bien à des distances fort diverses? Car ce qui prouve qu'il se passe dans l'œil quelque chose d'analogue à la variation des distances focales dans l'instrument, c'est qu'il faut un certain temps et même un certain effort à l'œil pour varier ainsi sa portée, comme on peut s'en assurer en plaçant un petit objet, un cheveu, par exemple, à peu de distance de l'œil, de manière qu'il se projette sur un autre objet plus éloigné; il est impossible de voir nettement les deux objets à la fois, et l'œil est obligé de passer alternativement de l'un à l'autre. Cependant l'anatomie a fait de vains efforts pour découvrir par quel mécanisme cet organe arrive à varier ainsi ses effets. On avait supposé d'abord que la partie antérieure de la cornée pouvait, à volonté, prendre une forme plus concave ou plus convexe, ou bien que la rétine pouvait avoir la facilité de se rapprocher ou de s'éloigner un peu, pour suivre le foyer dans ses déplacements; mais des expériences précises ont démontré la fausseté de ces deux hypothèses. Reste donc le cristallin pour produire le phénomène; et nous pensons, alors même qu'il nous est impossible de concilier cette vue avec les données de l'anatomie, que c'est au cristallin que l'œil doit de voir avec net-

teté à des distances inégales, car en perdant le
le cristallin, il perd cette faculté. C'est ainsi que
les personnes qui ont subi l'opération de la ca-
taracte (on sait que cette opération consiste à
arracher le cristallin, lorsqu'il a perdu sa diaphanéité) ne voient bien qu'à une distance
donnée : cette distance est grande, comme pour
les presbytes.

Mais comment cet acte de la vision donne-
t-il naissance à la sensation ? On l'ignore; tout ce
qu'on sait, c'est que l'impression produite sur la
rétine est transmise au cerveau par le nerf optique. Partant de ce point, Mariotte avait pensé
que plus l'image se rapprocherait de l'endroit
où le nerf vient s'épanouir sur la rétine, plus la
sensation serait vive, et qu'elle atteindrait son
maximum d'intensité lorsqu'elle se formerait
sur le point même où le nerf vient aboutir. L'expérience lui donna un résultat diamétralement
opposé; car il reconnut, au moyen d'un procédé fort simple, que ce point de la rétine est
insensible, et qu'un objet devient invisible, dès
qu'on se place de manière à y faire tomber son
image.

L'axe de l'œil, c'est-à-dire, la direction dans
laquelle nous regardons habituellement, n'est
pas celle dans laquelle nous voyons le mieux les
objets. La partie de la rétine qui y correspond

est comme raccornie par l'usage; elle est moins sensible que les parties voisines. Aussi aperçoit-on beaucoup mieux un objet en regardant un peu à côté, qu'en regardant directement. Voilà pourquoi les astronomes disent que pour voir une étoile il ne faut pas la regarder, c'est-à-dire, qu'on la voit mieux en regardant l'endroit voisin de celui qu'elle occupe.

La sensation produite sur la rétine par les rayons lumineux a quelque durée; c'est ce qui fait qu'un charbon ardent, qu'on tourne rapidement, paraît un cercle lumineux. Et si on le fait tourner dans un diaphragme percé d'un trou, de manière qu'on ne le voie qu'à son passage à ce trou, il paraîtra y être continuellement, si le mouvement est assez rapide pour qu'il s'y présente dix fois en une seconde.

Lorsqu'on regarde long-temps une même couleur, il se produit dans les fibres de la rétine une sensation morbide, qui la rend moins propre pendant quelque temps à percevoir cette couleur, et fait prédominer la couleur complémentaire. C'est ainsi qu'après avoir regardé du rouge ou du vert, on voit sur les objets qu'on observe des taches vertes ou rouges, car ces deux couleurs sont complémentaires l'une de l'autre, c'est-à-dire, qu'ajoutées, elles produisent du blanc.

Il est probable que les fibres qui perçoivent une couleur ne sont pas les mêmes qui en perçoivent une autre. C'est du moins ce qui semblerait résulter d'une vérité de fait incontestable, savoir, qu'il est des personnes qui ne perçoivent pas toutes les couleurs. Colardeau était dans ce cas. Il s'occupait quelquefois de peinture, et fit un jour le fond d'un tableau écarlate, croyant le faire sombre; lorsqu'on le lui fit remarquer, il ne put saisir aucune différence entre ces deux couleurs. Il existe aujourd'hui en Angleterre un savant célèbre, qui s'est aperçu, en examinant certaines plantes, qu'il n'avait pas non plus la conscience de toutes les couleurs et les annales de l'Académie parlent d'une famille entière qui confondait le vert avec le rouge, au point de ne pouvoir distinguer les cerises des feuilles qu'à la forme seulement.

DEUXIÈME LEÇON.

HISTOIRE DE L'ASTRONOMIE. — DÉFINITIONS.

Un nuage épais couvre le berceau de toutes les sciences ; mais celle dont l'histoire est enveloppée d'une obscurité plus profonde encore, c'est peut-être l'astronomie. Aussi ancienne que le monde, liée aux premiers besoins de l'homme, elle dût tout d'abord exciter sa curiosité, attirer ses observations. Mais ces premiers éléments de la science, recueillis en divers lieux, à des époques éloignées, restèrent perdus pour elle, comme ils le sont pour son histoire.

Nous ne nous proposons donc pas de prendre l'astronomie à son berceau, pour l'amener jusqu'à nous, sans la perdre un moment de vue au milieu des ténèbres dont sa route est couverte, mais seulement de la montrer de loin en loin, perçant l'obscurité.

Les Chaldéens furent probablement les premiers qui s'occupèrent d'astronomie. Ce peuple pasteur habitait les délicieuses contrées de l'Asie, le plus beau pays du monde. L'habitude de passer les nuits en plein air, la pureté du ciel, l'immensité de l'horizon, tout dut l'inviter de bonne heure à suivre les mouvements des corps célestes, à en étudier les imposants phénomènes.

De la Chaldée, l'astronomie ne tarda pas à se répandre en Égypte, ce berceau des arts et des sciences : elle y fit de grands progrès. Les prêtres s'en emparèrent, la mêlèrent à la religion, et s'en firent un instrument de domination sur un peuple crédule, qu'ils s'efforçaient de retenir dans l'ignorance et la superstition.

Les Phéniciens furent les premiers qui appliquèrent à la navigation les observations astronomiques. Ils avaient remarqué qu'au milieu du mouvement général de la sphère une des étoiles de la petite Ourse paraissait toujours rester dans la même situation. C'est sur cette étoile qu'ils réglaient leur marche, et telle était leur supériorité que, dès le temps de Néchos, à une époque où les autres peuples osaient à peine quitter les côtes, ils étaient partis de la mer Rouge, avaient fait le tour de l'Afrique, et étaient revenus, la troisième année, à l'embouchure du Nil.

A peu près à la même époque, l'astronomie

5

fut apportée de la Phénicie en Grèce par Tha-
lès. Il apprit aux Grecs, qui ne savaient observer
que la grande Ourse, combien l'étoile polaire
était un guide plus sûr pour la navigation. Il
leur enseigna les lois du mouvement du soleil
et de celui de la lune, dont il tirait l'explication de la durée des jours et la détermination
de l'année solaire. Il connaissait la cause des
éclipses, et il paraît même, le moyen de les
prédire, car il acquit une grande célébrité pour
en avoir annoncé une qui arriva un jour de
bataille entre les Mèdes et les Lydiens.

Anaximandre, un de ses disciples, inventa le
globe terrestre, fit construire à Sparte le gnomon
qui lui servait à observer les équinoxes et les
solstices, et détermina avec assez de précision
l'obliquité de l'écliptique. Les Grecs ne tardè-
rent pas à mettre à profit, pour leur navigation,
ces idées nouvelles; mais ils ne furent pas recon-
naissants envers le savant qui les leur avait appor-
tées. Ils le proscrivirent, et l'auraient même mis
à mort, si Périclès ne fût parvenu à l'arracher
à la fureur de ce peuple superstitieux. Son crime
était d'avoir professé que le monde est régi par
des lois immuables.

Pythagore, qui vivait environ cinq siècles
avant notre ère, fit faire de grands pas à la
science. Il l'enrichit de presque toutes les

grandes vues sur lesquelles elle repose aujourd'hui. C'est lui qui découvrit le système du monde auquel Copernic a laissé son nom. C'est lui qui, le premier, conçut l'idée hardie que les planètes sont des globes habités, comme celui sur lequel nous marchons, et que les étoiles, qui peuplent l'immensité de l'espace, sont autant de soleils destinés à dispenser la chaleur et la lumière aux systèmes planétaires qui gravitent vers eux. Il voyait aussi dans les comètes, non des météores fugitifs formés dans l'atmosphère, mais des astres permanents qui se meuvent autour du soleil, selon des lois qui leur sont propres.

Le premier qui apprit à classer les climats selon la longueur des jours et des nuits, fut Pythéas, qui fit ou vit naître chez les Grecs un goût prononcé pour l'astronomie. Ne pouvant plus le satisfaire à Athènes, ils remontèrent aux sources de cette science ; ils allèrent étudier en Égypte, et Eudoxe en rapporta, à son retour, des connaissances nouvelles qu'il consigna dans plusieurs ouvrages. C'est lui qui expliqua et fit adopter aux Grecs, assemblés aux jeux olympiques, le fameux cycle de dix-neuf ans, imaginé par Méton, pour concilier les mouvements du soleil et de la lune. L'année de ce cycle est encore indiquée dans nos calendriers sous le nom de *Nombre d'Or*.

Toutes les sciences s'enchaînent et se donnent
mutuellement la main. L'astronomie se mit au
service de la physique et de la géographie, et
leur prêta ses vues. Aristote détermina, par
des observations astronomiques, la figure et la
grandeur de la terre. Il déduisit la preuve de
sa sphéricité de l'apparence de l'ombre qu'elle
projette circulairement, dans les éclipses, sur le
disque de la lune, et de l'inégalité des hauteurs
du méridien solaire aux diverses latitudes.

C'est ainsi que s'agrandissait, sous la main de
ces savants célèbres, le domaine de l'astronomie.
Mais entre toutes les écoles de l'antiquité où
l'on enseignait cette science, celle d'Alexandrie
brillait d'une éclatante et juste célébrité. Elle
recueillait avec intelligence une foule d'observations qu'elle faisait avec des instruments trigonométriques. Elle décrivait avec soin les
constellations, déterminait d'une manière précise la position des étoiles, le cours des planètes,
et commençait à se rendre compte des inégalités des mouvements du soleil et de la lune.
Hipparque y détermina la longueur de l'année
tropique avec une précision à laquelle on n'était
pas encore parvenu; il la fixa à quatre minutes
et demie près.

Ptolomée, qu'on regarde comme le premier
des astronomes, vivait dans le second siècle de

notre ère. Il nous a transmis, dans sa grande *Syntaxe*, les observations et les principales découvertes des anciens. Il donne, dans cet ouvrage, la théorie et les tables du mouvement du soleil, de la lune, des planètes et des étoiles fixes. Il avait adopté le système qui suppose la terre placée au centre du monde, et auquel on a donné son nom. Les idées inexactes qu'il renferme n'empêchèrent pas ce grand homme de calculer les éclipses qui devaient arriver dans les six siècles suivants.

La *syntaxe* fut traduite vers 826 par les Arabes, et appelée *almageste*. Quatre siècles plus tard, leur traduction fut mise en latin par ordre de Frédéric II. Alphonse, roi de Castille, rassembla ensuite les principaux astronomes connus, et leur fit dresser de nouvelles tables, qui furent appelées *Alphonsines*.

Cette protection frappa les hommes éclairés que possédait l'Europe. L'astronomie conduisait aux faveurs, à la réputation ; ils la cultivèrent. Les traités se multiplièrent, et avec eux, les instruments qui facilitent les observations. Mais l'événement le plus mémorable de cette époque est la reproduction de l'ancien système du monde, découvert par Pythagore. Ce fut Copernic, né à Thorn, en 1472, qui le ressuscita. Il trouva que celui de Ptolémée qui suppose la

terre fixe, et le soleil, la lune et les planètes,
tournant dans des cercles concentriques autour
de ce corps, ne s'accordait pas avec les phénomènes. Il remarqua que les difficulés qui le com-
pliquent disparaissaient, en admettant que le
soleil est un centre autour duquel la terre fait,
comme les autres planètes, sa révolution annuelle. Cette théorie repose sur des raisonne-
ments si incontestables, que c'est la seule qui soit
enseignée aujourd'hui dans toute l'Europe. Malheureusement Copernic n'eut pas la satisfaction
de voir triompher la doctrine qu'il avait si bien
défendue. Persécuté par les dévots, en butte aux
tracasseries de savants, ce ne fut que long-temps
après qu'il fut achevé, qu'il publia l'ouvrage où
il avait déposé le résultat de ses observations. Il
en vit le premier exemplaire, mais quelques
jours après il n'était plus.

Le seule opposition un peu sérieuse qu'éprouva
la théorie de Copernic, lui vint de Tycho-Brahé,
célèbre astronome danois, qui voulait faire pré-
valoir la sienne. Son système diffère peu de celui de Ptolémée; cependant il est connu sous
son nom. Il suppose que la terre est au centre
du monde, et que le soleil accomplit autour
d'elle sa révolution en vingt-quatre heures. Les
planètes en font autant par rapport à lui, mais
dans des temps périodiques ; Mercure d'abord,

comme placé à une moindre distance ; puis Vénus, Mars, Jupiter et Saturne, qui parcourent la même orbite. Cependant quelques-uns de ses disciples supposaient que la terre était animée d'un mouvement diurne autour de son axe; que le soleil et toutes les planètes faisaient leur révolution autour de la terre en une année. Nous démontrerons le vice de cette hypothèse, en parlant du système de Copernic.

Un des élèves de Tycho-Brahé, Képler, fit faire à la science des progrès rapides. Hipparque, Ptolémée, Copernic même, devaient une grande partie de leurs connaissances aux Égyptiens, aux Chaldéens, aux Indiens ; ils suivaient une route battue. Ce savant ne fut redevable qu'à son génie des découvertes qui l'ont rendu si célèbre ; l'antiquité ne lui avait légué aucune traces qui pussent le mettre sur la voie.

Galilée vivait à la même époque. Tandis que l'un traçait les orbites des planètes, et trouvait les lois de leurs mouvements, l'autre soumettait à ses recherches les lois du mouvement en général, qui étaient négligées depuis deux mille ans. C'est en s'aidant des travaux de ces deux savants que Newton et Huygens purent, dans la suite, déterminer tous les mouvements planétaires. Galilée avait démontré d'une manière incontestable que la terre est animée d'un mouve-

ment diurne et d'un mouvement annuel.; mais
sa doctrine était contraire aux idées reçues. Les
cardinaux le mandèrent, et sans égard pour son
âge, ses vertus, ses lumières, ils le condamnèrent
à une prison perpétuelle.

Depuis Newton, qui la perfectionna, l'astronomie n'a cessé d'être cultivée par des hommes
que leur grand savoir et de belles découvertes
ont illustrés; mais nous ne pouvons nous arrêter
plus long-temps à l'historique de cette science ;
hâtons-nous d'entrer en matière.

NOTIONS PRÉLIMINAIRES. — DÉFINITIONS.

L'astronomie traite des mouvements, des distances, de la grandeur, de la constitution physique, des éclipses et de tous les autres phénomènes des corps célestes.

Sous le nom générique d'*étoiles*, on comprend
vulgairement tous les corps qui peuplent les
espaces célestes ; mais l'astronomie les range en
plusieurs classes.

Elle appelle *étoiles fixes*, celles qui, dans le
mouvement de révolution de la sphère, paraissent toujours occuper la même position relative,
conserver entre elles les mêmes distances. Pour
les reconnaître et les désigner avec plus de facilité, les astronomes les ont divisées par groupes,

auxquels ils ont donné le nom de *constellations*. Chacune de celles-ci a sa dénomination particulière, tirée d'un nom d'homme ou d'animal, quelquefois dérivée de sa forme, mais presque toujours capricieusement choisie. L'utilité de ces dénominations les a perpétuées parmi nous. Pour distinguer les unes des autres les étoiles de chaque constellation, on les classe selon leur éclat ou leur grandeur apparente, en donnant à chacune une désignation particulière. Ainsi on désigne par A la plus considérable, et les autres sont marquées d'après la méthode employée par Jean Bayer, dans les cartes célestes qu'il publia; elle consiste à désigner chacune d'elles dans l'ordre de leur grandeur, par les lettres de l'alphabet grec, en commençant par α pour la principale, β pour la seconde, etc. Si le nombre des lettre de l'alphabet grec ne suffit pas, on se sert des lettres romaines, et même des nombres ordinaux, 1, 2, 3, etc. Cette désignation a été suivie par tous les astronomes modernes.

Les observations ayant fait remarquer que certains astres, outre le mouvement de révolution diurne, en éprouvent encore un particulier, qui altère leur rapport de distance avec ceux qui les environnent, on leur a donné le nom de *planètes*, d'un mot grec qui signifie errant.

Herschell définit les planètes, des corps cé-

lestes d'une grandeur considérable, et d'une petite excentricité d'orbite, qui se meuvent dans
des plans qui ne dévient que de quelques degrés
de celui de la terre, en ligne directe, et qui se
meuvent dans des orbites très éloignées l'une
de l'autre, avec de vastes atmosphères, qui cependant ont à peine un rapport sensible avec
leurs diamètres. Elles ont des satellites ou anneaux.

On distingue les planètes en *primaires* et en
secondaires. Les planètes primaires sont celles
qui tournent autour du soleil comme centre, et
les secondaires, plus communément appelées
satellites ou *lunes*, sont celles qui se meuvent
autour d'une planète primaire comme centre,
et sont emportées par elle dans sa révolution
autour du soleil.

Les planètes primaires se divisent encore en
supérieures et *inférieures*. Les supérieures sont
celles qui sont plus éloignées du soleil que la
terre, comme Mars, Jupiter, Saturne et Uranus ; les inférieures, celles qui sont plus
près du soleil que nous, comme Mercure et
Vénus.

Quant aux planètes nouvellement découvertes,
telles que Cérès, Junon, Pallas, Vesta, et celles
qu'on pourra découvrir par la suite, Herschell
a proposé de leur donner le nom d'*astéroïdes*,

désignant ainsi les corps célestes qui se meuvent dans des orbites d'une excentricité quelconque autour du soleil, quelque angle que fasse le plan de cet astre avec l'écliptique, que le mouvement de ces corps soit direct ou rétrograde, qu'ils aient ou n'aient pas d'atmosphères.

Voici les signes employés dans les tables ou sur les sphères, pour désigner les planètes : Mercure ☿, Vénus ♀, la Terre ♁, Mars ♂, Vesta ⚶, Junon ⚵, Cérès ⚳, Pallas ⚴, Jupiter ♃, Saturne ♄, Herschell ou Uranus ♅.

L'*orbite* d'un astre est la trajectoire qu'il décrit dans sa révolution autour de celui qui lui sert de centre. Les orbites des planètes sont des ellipses d'une très faible excentricité ; celles des comètes, au contraire, sont fort excentriques, c'est-à-dire, qu'elles s'éloignent beaucoup de la forme du cercle, qu'elles sont fort allongées.

L'*ellipse* est la section d'un cône droit par un plan oblique à sa base, mais qui ne la rencontre pas. Pour l'engendrer, fixez par deux points un fil circulaire, et faites le tendre en promenant circulairement un crayon, les deux points fixés seront les *foyers* de l'ellipse, et son excentricité sera la distance du centre aux foyers.

L'*écliptique* est l'orbite décrite, en apparence, par le soleil autour de la terre, et, en réalité, par la terre autour du soleil.

L'horizon sensible est un plan tangent au globe par le point où se trouve l'observateur. C'est le cercle qui limite notre vue.

L'horizon rationnel est un plan mené par le centre de la terre et parallèle à l'horizon sensible.

L'azimut est un arc de l'horizon compris entre le méridien et le plan vertical qui contient un objet.

Les *colures* sont d'anciennes dénominations par lesquelles on désignait deux grands cercles de la sphère, qui passent, *celui des équinoxes*, par les points équinoxiaux et le pôle de l'équateur, *celui des solstices*, par les points solsticiaux et les pôles de l'écliptique et de l'équateur.

La *longitude terrestre* est l'angle des méridiens, mesuré par l'arc compris entre eux sur le même équateur. La *longitude d'un astre* est l'arc d'écliptique compris entre l'astre et le point ♈.

La *latitude terrestre* est la distance d'un lieu à l'équateur comptée sur le méridien, et la *latitude d'un astre*, la distance de cet astre à l'écliptique, mesurée par un arc du grand cercle qui passe par l'astre et le pôle de l'écliptique.

Deux planètes sont en *conjonction*, lors-bu'elles ont une même longitude; elles sont en opposition, lorsque leurs longitudes diffèrent de 180 degrés.

La *déclinaison* est la distance à l'équateur du parallèle que décrit un astre; elle est australe ou boréale.

Le *méridien* est un grand cercle de la sphère qui passe par les pôles, et la *méridienne* est l'intersection du méridien avec l'horizon.

Le *zénith* est le sommet de la calotte céleste qui nous enveloppe de toutes parts, c'est le point qui est directement au-dessus de notre tête, le pôle de l'horizon.

Le *nadir* est le point opposé, le pôle inférieur de l'horizon.

Les *pôles* sont les extrémités de l'axe d'un cercle.

Les *nœuds* sont les points où l'orbite d'une planète coupe l'écliptique. Le nœud d'où la planète s'élève vers le nord, au-dessus du plan de l'écliptique, est le *nœud ascendant*; celui d'où elle descend vers le sud, est le *nœud descendant*. La ligne qui va de l'un à l'autre est la *ligne des nœuds*.

Les *solstices* sont les deux points extrèmes de l'excursion apparente du soleil au nord et au midi de l'équateur.

Les *tropiques* sont les cercles auxquels répond le soleil aux solstices, et qui sont les limites de la zone torride.

4

La *sphère* est l'orbite concave ou l'étendue qui environne notre globe, et dans laquelle nous voyons les corps célestes. Elle paraît tourner sur les deux pôles.

L'*apogée* est le lieu de l'orbite d'une planète où elle est le plus éloignée de la terre ; et le *périgée*, celui où elle en est le plus rapprochée.

Les *apsides* sont les points de l'orbite d'une planète où elle se trouve, soit à la plus grande, soit à la plus petite distance du soleil ou de la terre. Le premier de ces points, c'est-à-dire, celui de la plus grande distance, s'appelle *aphélie*, et l'autre *périhélie*. La ligne qui les joint et qui passe par le centre du soleil, est la ligne des *apsides*.

La *syzygie* est la dénomination commune à l'opposition et à la conjonction de la lune, par rapport au soleil.

L'*équateur* est un grand cercle dont tous les points sont à égale distance des pôles.

Pour les lieux dont les pôles se trouvent dans l'horizon, c'est ce qu'on appelle *la position droite de la sphère*. On l'appelle *sphère parallèle*, quand l'horizon coïncide avec l'équateur. Pour toutes les autres positions, la sphère est *oblique*.

La *parabole* est la section d'un cône par un

plan parallèle au côté du cône; c'est donc une courbe ouverte.

La *parallaxe* est l'angle compris entre les directions suivant lesquelles un astre serait vu simultanément du centre de la terre et d'un point de sa surface.

Le *zodiaque* est une zone d'environ dix-huit degrés et coupée par l'écliptique en deux portions égales. Il se divise en douze parties qu'on appelle *signes*, et chaque signe en trente degrés. Les signes du zodiaque ont reçu chacun une dénomination et une désignation particulières. Ce sont:

0	♈	Le Bélier...............	0 deg.
1	♉	Le Taureau............	30
2	♊	Les Gémeaux.........	60
3	♋	L'Écrevisse............	90
4	♌	Le Lion...............	120
5	♍	La Vierge.............	150
6	♎	La Balance............	180
7	♏	Le Scorpion..........	210
8	♐	Le Sagittaire.........	240
9	♑	Le Capricorne........	270
10	♒	Le Verseau..........	300
11	♓	Les Poissons..........	330

Ces signes sont situés dans l'ordre où on vient de les nommer, en allant de l'Ouest à l'Est: c'est ce qu'on appelle l'ordre des signes.

Pour aider la mémoire, on les a compris dans ces deux vers latins :

> Sunt Aries, Taurus, Gemini, Cancer, Leo, Virgo,
> Libraque, Scorpius, Arcitenens, Caper, Amphora, Pisces.

L'explication étymologique de ces diverses dénominations a donné lieu à de nombreuses discussions, auxquelles les recherches de l'Institut d'Égypte sont venues mettre fin, en faisant voir que ces noms, adoptés aujourd'hui par tous les peuples qui s'occupent d'astronomie, ont été tirés de comparaisons faites par les Égyptiens entre les phénomènes célestes et des phénomènes terrestres, purement locaux, pour la plupart, et appartenant exclusivement à une partie de leur pays. Voici un abrégé de ce beau travail qui ne peut manquer d'intéresser le lecteur.

1° Signe du CAPRICORNE (Caper.) ♑.

C'est le premier mois d'été; il va du 20 juin au 20 juillet environ.

En grec. Επιφί, επηφί (d'après Alberti, *Fabricii menologium*).

Copte. *Epep* (*Lexicon Ægyptiano-latinum* de Lacroze).

Arabe. *Hebhébi, hebhéb.*

Latin. La définition de ces différents noms peut être ainsi conçue : *Caper, dux gregis, qui cœpit, species apparens aquœ, evigilatio, motio hùc et illùc, aurora.*

Le verbe arabe *hebheb* ou *habeb* signifie *cœpit, evigilavit, experrectus fuit è somno , flavit ventus, vacillavit, hùc et illùc motus fuit, insiliit in favellam.*

Voici maintenant l'explication des phrases latines qui servent de traduction aux idées exprimées par les mots coptes et arabes.

Caper nomme le Capricorne, l'un des douze signes du zodiaque.

Dux gregis , qui cœpit. Le Capricorne ouvre et commence l'année ; il est le chef des animaux célestes, comme sur la terre il est celui du troupeau dont il fait partie.

Species apparens aquœ , naissance de la crue du Nil , qui n'est ordinairement appréciable que dix jours après le solstice.

Qui evigilavit, qui experrectus fuit è somno, désigne le plus long jour : le soleil ou l'animal qui le représente est éveillé, et réveille à l'heure consacrée au sommeil dans les autres saisons.

Qui vacillavit , qui hùc et illùc motus fuit , mouvement d'hésitation du soleil arrivé au solstice.

Qui flavit ventus , vents du nord qui soufflent pendant qunize jours à cette époque. L'almanach des Égyptiens en annonce l'arrivée.

*

Aurora : ceci prouve que l'année égyptienne commençait à l'aurore du Caper, à la naissance du premier jour d'été. Enfin, suivant Hérodote, Epiphi ou Épéphi était probablement l'un des douze dieux astronomiques des Égyptiens, car il dit, livre II, chapitre 38, que les bœufs appartenaient à ce dieu.

2° Signe du VERSEAU ♒.

Le Verseau était le deuxième mois de l'été, et durait du 20 juillet au 20 août.

Grec. Μεσορί, Μεσσοβι, Μέσωβι, Μεσορη, *Menolog.*
Copte. *Mésoré.*
Arabe. *Mesour, misr, vas aquæ paulatim lac suum reddens.*

Le verbe arabe *meser* se traduit par *præbuit paulatim, emulsit quibquid esset in ubere.*

L'addition de l'y final, qui personnifie *mesouri*, signifie *aquarim.*

Paulatim lac suum reddens, etc., conviennent parfaitement à la peinture du Verseau dans les zodiaques d'Essori et de Denderah, où le vase, à peine penché, laisse couler peu à peu l'eau qu'il contient.

Emulsit quidquid in ubere. C'est à peu près durant ce mois que les sources du Nil donnent tout ce qu'elles doivent verser d'eau. Les Égyptiens regardaient ce liquide comme aussi doux et aussi fertile que le lait. L'inondation va en croissant dans ce mois.

3° Signe des Poissons)(.

Les Poissons, troisième mois, du 20 août au 20 septembre.

Grec. Τωθ, Θωυθ, Θωθι, φθω.

Copte. *Thoout.*

Arabe. *Thohout. Ambulatio piscis, incessus, reciprocatus ultrò, retròque in se rediens.*

Le verbe arabe *tona* , *peragravit regionem, opplevit puteum.*

Le verbe de *hout*, poisson, *hat circuminatavit.*

L'*ambulatio*, etc., nous montrent les poissons qui vont et reviennent dans les eaux qui couvrent le pays.

Opplevit puteum , désignent l'inondation remplissant tous les lieux bas, car elle est répandue sur toute l'Égypte; enfin, la fête d'Isis a été placée au commencement de ce mois , parce que c'est seulement alors que l'on célèbre la fête du Nil à l'ouverture des digues. Voilà pourquoi il a été nommé quelquefois *fotouh, apertura per terræ superficiem fluentis aquæ*, ouverture des digues.

Un passage de Sanchoniaton, conservé par Philon , dit que *messori* a donné naissance à *thoth* , et nous voyons qu'en effet c'est *messori* ou la crue du Nil qui produit *touhout*, l'expansion des eaux à la surface de l'Égypte, où se promènent les poissons.

4° Signe du BÉLIER ♈.

Le Bélier est le premier mois d'automne ; il commence au 20 septembre et finit le 20 octobre.

Grec. Φαωρι, παοφι, παωρι.

Copte. *Paopi.*

Arabe. *Fofo, foafi, hædus, velox, vox quâ greges increpantur.*

Le verbe arabe se rend par *increpuit gregem dicens fafa.*

Le verbe hébreu *fafa* signifie *obtenebrescere.*

Vox quâ greges increpantur. Comme les eaux se retirent, le Bélier conduit de nouveau au pâturage les troupeaux retenus captifs pendant l'inondation.

Obtenebrescere. Le jour diminue de plus en plus, comme il arrive au mois commençant par l'equinoxe d'automne.

5° Signe du TAUREAU ♉.

Le Taureau, deuxième mois d'automne, du 20 octobre au 20 novembre.

Grec. Αθωρ, αθορι (Θωωρ, Eusèbe).

Copte. *Athor.*

Arabe. *Thaur, athour, taurus tauri.*

Le verbe *athor, aravit, submovit terram.*

On ne laboure en Égypte que lorsque l'on a achevé de semer dans les autres pays, dans le mois de novembre.

6° Signe des GÉMEAUX ♊.

Les Gémeaux, troisième mois d'automne, du 20 novembre au 20 décembre.

Grec. Χοαϰ, χοιαϰ, Κοαϰ, Κηϰος.

Copte. *Choïak.*

Arabe. *Chouk, amore flagrantes, amatores.*

Dans les zodiaques égyptiens, ce sont un jeune homme et une jeune fille ; pendant ces mois, les grains s'échauffent et germent : c'est imparfaitement que ce signe a été nommé par les Grecs, διδυμοί.

7° Signe du CANCER ♋.

Le Cancer est le premier mois de l'hiver, du 20 décembre au 20 janvier.

Grec. Τυβι.

Copte. *Tobi.*

Le verbe *teby, amovit, avertit.* Le verbe *teb, reversus, conversus fuit, respuit.*

Ces racines caractérisent bien le mouvement rétrograde du soleil au solstice d'hiver.

8° Signe du LION ♌.

Le Lion, deuxième mois d'hiver, du 20 janvier au 20 février.

Grec. Μεχιρ, Μεχειρ, Μεχος.

Copte. *Chery* ou *Mechéry*.

Le verbe *cher, acquisivit, collegit; mecher, pars segetis,* ou *mecher, protulit frondes, ramos; amcher, plantas suas extulit terrâ inflatus, turgidus fecit.*

C'est en février que la terre présente le plus bel aspect en Égypte : une partie des récoltes commence déjà ; c'est par le roi des animaux qu'ils ont peint la force et la magnificence de la nature.

9° Signe de la VIERGE ♍

La Vierge, troisième mois d'hiver, du 20 février au 20 mars.

Grec. Φαμενωθ.

Copte. *Famenoth.*

Arabe. *Faminoth. Mulier feconda et pulchra, quæ vendit spicam, frumentum, et quod portatur inter duos digitos.*

Ce mot est composé de *famij*, qui vend des épis, des graines de toutes sortes, dont l'épi ou la tige peut être porté entre deux doigts, et de *Enoth*, femme belle, féconde ; dans les zodia-

ques égyptiens, *Famenoth* ou la femme féconde,
tient un épi à la main. Ce qui a induit les
Grecs en erreur pour παρθένος, c'est que le mot
égyptien veut dire doué de beauté : mais aussi
il emporte l'idée de fécondité.

10° Signe de la BALANCE ♎.

La Balance, premier mois du printemps, du
20 mars au 20 avril.

Grec. Φαρμουθι.

Copte et Arabe. *Faramour, mensura, regula
confecta temporis.*

Ce mois répond à l'équinoxe du printemps,
et à l'égalité des jours et des nuits.

11° Signe du SCORPION ♏.

Le Scorpion, deuxième mois du printemps,
du 20 avril au 20 mai.

Grec. Παχων.

Copte. *Pachous.*

Arabe. *Bachony, venenum, aculeus Scorpionis, prostravit humi venenum aculeus Scorpionis.*

Ce mot est composé de *bach, prostravit, humi
stravit,* qui, dans toutes les langues orientales,
signifie *putruit; lœsit, pravus fuit* ou *putrido,
malum, morbus,* et de *honniy, venenum, aculeus scorpionis* et *terror.* Ce qui caractérise le

second mois de l'équinoxe du printemps , où la chaleur donne l'essor aux bêtes venimeuses, et développe les maladies et la peste. La racine *hama* signifie aussi *ferbuit dies*; les jours deviennent brûlants.

12° Signe du SAGITTAIRE ↤.

Le Sagittaire , troisième mois du printemps, du 20 mai au 20 juin.

Grec. Παῦνι, πаωνι.

Copte. *Paons.*

Arabe. *Faync* ou *fenni , extremitas seculi temporis , horæ. Faijnan , fenan, nomen equi, onager varii cursus.*

La racine *fann* signifiait *propellit , impulit*; *faijni* signifie *propulsator , impulsator.*

Extremitas. Dernier mois de l'année égyptienne.

Nomen equi. Onager , nom d'un quadrupède. *Propulsator* indique son action. Dans le zodiaque égyptien, l'image de cet animal a le corps d'un quadrupède et une tête à deux faces, l'une de lion et l'autre d'un homme armé prêt à lancer une flèche. Il semble pousser en avant les animaux qui le précèdent et arrêter ceux qui le suivent. Tout indique qu'il va atteindre le but vers lequel il tend , et que sa course s'achève.

TROISIÈME LEÇON.

ASPECT DU CIEL.—MOUVEMENTS APPARENTS DES CORPS CÉLESTES.

Quand nous portons les yeux au ciel, nous voyons se dérouler sur nos têtes un vaste hémisphère concave, dont nous semblons occuper le centre, et qui paraît, en s'abaissant, se réunir à l'horizon. Le jour, cette voûte immense est éclairée par un disque brillant, qui, sorti des régions de l'est, la parcourt majestueusement, et redescend bientôt pour disparaître à l'ouest. La faible lumière qui l'avait précédé ne tarde pas à s'éteindre, et alors apparaissent de tous côtés, dans l'immensité de l'espace, une multitude de points brillants, d'une grandeur variable, et dont le nombre s'accroît à mesure que l'obscurité devient plus profonde. Les mouvements de ces corps ajoutent encore à la beauté du spectacle. Tandis que les uns, se mouvant dans la même direction que le soleil, vont, comme lui, s'en-

5

foncer à l'ouest sous l'horizon, d'autres se montrent à l'est, parcourent la voûte des cieux, et disparaissent à leur tour du côté où le soleil s'est dérobé à nos regards. Tous cependant ne vont pas ainsi se cacher sous l'horizon ; il en est qui pour nous n'atteignent jamais ce cercle, et dont on peut suivre le cours pendant toute la nuit : l'un d'eux paraît même constamment immobile. Et, d'un autre côté, pendant que les uns décrivent dans le ciel un cercle immense, d'autres parcourent un petit arc à l'horizon, et quelques-uns même ne font que se lever et disparaître. Tels sont les phénomènes du lever et du coucher des astres. C'est à ce mouvement général que la sphère étoilée accomplit en un jour et une nuit, que l'on a donné le nom de mouvement diurne.

Dans cette révolution de la sphère, les astres soumis au mouvement que nous venons de décrire, paraissent, au premier coup-d'œil, conserver entre eux les mêmes distances. Mais des observations plus précises ne tardent pas à montrer que, si le plus grand nombre des corps célestes conservent toujours leurs situations relatives, quelques-uns d'entre eux sont doués d'un mouvement particulier, qui les transporte successivement d'une constellation dans une autre. C'est ce mouvement de déplacement par rapport aux étoiles qu'on appelle le mouvement propre des planètes.

Le soleil est doué, comme les planètes, d'un mouvement propre, car nous le voyons se lever et se coucher successivement en divers points de l'horizon. A la fin du mois de juin, il se lève près du nord, reste long-temps sur l'horizon, et s'approche plus près du zénith ; tandis qu'à la fin de décembre, il sort plus au midi, s'éloigne du zénith, et ne décrit qu'un petit cercle au-dessus de l'horizon. C'est à ce mouvement que nous devons la variété des saisons et l'inégalité des jours.

Le mouvement de la lune et l'aspect qu'elle présente aux différentes périodes de son cours, sont encore plus remarquables. D'abord elle commence à se montrer dans la partie ouest du ciel, à peu de distance du soleil, sous la forme d'un croissant, qui grandit à mesure que la lune s'éloigne du soleil, jusqu'à ce qu'enfin elle se lève à l'est au moment où le soleil se couche à l'ouest : sa face est alors exactement circulaire. Elle approche ensuite graduellement vers l'est, s'échancre, et s'élève de plus en plus chaque nuit, jusqu'à ce qu'elle soit aussi près du soleil à l'est qu'elle l'était à l'ouest. Elle se montre alors le matin, un peu avant lui, comme dans la première partie de son cours on l'apercevait dans l'ouest un peu après lui. Ces phases diverses s'accomplissent dans l'espace d'un mois, pour se reproduire ensuite dans le même ordre.

Quelquefois, enfin, on observe dans le ciel des corps lumineux tout différents de ceux qui nous ont occupés jusqu'à présent, et qui, par les divers changements qu'ils subissent, ont toujours été pour les peuples un objet d'étonnement et de curiosité. D'abord très petits et peu brillants, ils acquièrent bientôt des dimensions considérables, et laissent apercevoir une traînée lumineuse dont l'étendue et la vivacité sont très variables : ce sont les comètes. Douées de mouvements propres dont la direction est susceptible de changer, plus elles s'approchent du soleil, plus leur queue se développe et devient lumineuse; enfin leur éclat, leur grandeur diminuent avec plus ou moins de rapidité, et elles disparaissent entièrement à nos yeux.

A l'aspect de ce mouvement de révolution de la sphère, deux questions se présentent à l'esprit. Chaque étoile met-elle toujours le même temps à accomplir sa révolution, et son mouvement est-il uniforme, c'est-à-dire, parcourt-elle des espaces égaux dans des temps égaux?

Pour résoudre la première de ces questions, il suffit de diriger vers une étoile quelconque une lunette fixée d'une manière immobile et dans une situation convenable. On compte le temps qui s'écoule jusqu'à la réapparition de la même étoile dans la lunette, et l'on s'assure aisément que la durée de la révolution est absolument la même en quelque temps que ce soit, et pour quelque étoile que ce soit. L'espace de temps écoulé entre deux retours consécutifs d'une étoile au même méridien forme le *jour sidéral.*

La seconde question se résout au moyen d'un appareil qui porte le nom de machine *parallactique.* Il se compose d'un cercle gradué et fixé à un axe central perpendiculaire à son plan ; le prolongement de cet axe se confond avec le diamètre d'un autre cercle mobile qui demeure ainsi constamment perpendiculaire au premier ; ce second cercle, armé d'une lunette susceptible de prendre toutes les inclinaisons par rapport à l'axe central, fait mouvoir, en tournant sur cet axe, une aiguille qui indique sur le premier cercle les arcs horizontaux qu'il a parcourus. Si maintenant l'on dirige la lunette vers une étoile constamment visible, il faudra, pour ne la point perdre de vue dans le cercle qu'elle décrit, mettre l'axe de la machine dans la même direction que celui du ciel, et imprimer au plan mobile un mouvement correspondant à celui que l'étoile exécute. Et si l'on note bien exactement les intervalles de temps qui s'écoulent pendant que le plan mobile parcourt sur le plan fixe des arcs égaux, on trouve que ces intervalles sont égaux entre eux. Il est donc indifférent, pour apprécier de combien une étoile s'est déplacée, de prendre pour mesure l'arc qu'elle a parcouru ou le temps qu'elle a employé à le parcourir, une fois que l'on a établi entre ces deux données un rapport connu. Ainsi, la sphère accomplissant sa révolution en vingt-quatre heures, et tous les cercles diurnes étant divisés en trois cent soixante degrés, les étoiles décrivent des arcs de quinze degrés par heure. Mais il faut bien remarquer que ces divers cercles n'étant pas tous égaux, leurs divisions ne coïncident pas, et que, pour comparer les résultats, il faut déterminer leur valeur relative.

C'est une erreur assez vulgaire que de croire que les étoiles sont visibles le jour, du fond d'un puits. On ne peut les voir, pendant la journée, qu'avec le secours des lunettes et des télescopes, ou en s'élevant en ballon, ou bien encore du sommet des hautes montagnes. La cause qui empêchent qu'elles soient visibles à l'œil nu, c'est que les rayons du soleil, réfléchis par l'atmosphère, forment un rideau lumineux qui empêche de les voir, leur lumière étant comparablement trop faible. Il suffit, en effet, qu'une lumière soit soixante fois plus faible qu'une autre, pour qu'elle ne soit point perceptible pour notre œil, en présence de cette autre. On peut vérifier ce fait par une expérience très simple : placez entre deux bougies allumées, un corps qui projettera deux ombres ; éloignez ensuite l'une des bougies à une distance telle que la lumière qu'elle dirige sur le corps intermédiaire ne soit que le soixantième de ce qu'elle était d'abord ; chose facile, quand on sait que l'intensité de la lumière est en raison inverse du carré des distances. L'ombre produite par la lumière ainsi éloignée ne sera plus visible. Mais s'il y a mouvement, elles deviendra perceptible. C'est la principale raison qui fait qu'avec les instruments d'optique les étoiles sont visibles en plein jour ; car ces instruments grossissant, agrandissant prodigieusement les distances, accélèrent d'autant les mouvements.

Outre le mouvement propre qui nous a fait distinguer d'abord les planètes et les comètes des étoiles fixes, une autre différence ne tarde pas à nous frapper, c'est la scintillation, phénomène exclusivement propre aux étoiles fixes, et qui est un changement d'intensité accompagné d'un changement de couleur de ces astres. Pour le comprendre, il faut se reporter à une découverte remarquable récemment faite dans les propriétés de la lumière. Si l'on fait concourir en un même point deux rayons lumineux ayant la même origine, ils ne s'ajouteront pas toujours pour donner une plus grande somme de lumière; mais il pourra arriver, si on leur fait parcourir des distances différentes, ou traverser des milieux de diverses densités, que, dans des conditions données, ces deux rayons, au lieu de s'ajouter, se détruisent, de façon qu'on aura produit, quelque singulier que paraisse ce résultat, de l'obscurité, en ajoutant de la lumière à de la lumière. C'est le phénomène des *interférences lumineuses*. C'est par lui que s'explique la scintillation. Les différentes parties de l'atmosphère étant dans une variation continuelle de densité, réalisent les conditions du phénomène des interférences, et interceptent ainsi quelques-uns des rayons qui composent la lumière blanche des étoiles, pour ne laisser arriver à notre œil que les autres rayons, qui ne produisent plus alors qu'une image de l'étoile faible et diversement colorée.

Si les planètes ne scintillent pas, c'est qu'elles ont une certaine étendue.

L'aspect du ciel varie avec la position de l'observateur. Supposons qu'il occupe précisément un des pôles de la terre, par exemple, le pôle boréal, Dans cette position, son zénith sera le pôle céleste boréal, et son horizon rationnel se confondra avec l'équateur. Tous les astres, dont la déclinaison est boréale, c'est-à-dire, tous ceux qui sont compris entre l'équateur et le pôle boréal, paraîtront parcourir des cercles parallèles à l'horizon ; ceux qui occupent l'équateur raseront l'horizon, et tous ceux dont la déclinaison est australe resteront constamment invisibles. Le parallélisme de tous ces mouvements à l'égard de l'horizon, a fait donner à cette position, ainsi que nous l'avons déjà dit, le nom de sphère parallèle.

Que l'observateur se transporte maintenant à l'équateur : son horizon rationnel passera par les pôles, et, dans cette position, il apercevra les étoiles pendant tout le temps qu'elles emploient à décrire la moitié de leurs cercles diurnes, et les plans de tous ces cercles seront perpendiculaires à l'horizon. C'est la position de la sphère droite.

Si l'observateur se dirige ensuite de l'équateur vers un des pôles, le pôle nord, par exemple, ce pôle paraîtra s'élever graduellement sur l'horizon, et le pôle sud s'enfoncer au-dessous dans la même proportion. Soit, par exemple un observateur écarté de 30 degrés de l'équateur vers le pôle arctique, son zénith sera C F, fig. 13, pl. 1 ; le grand cercle H O R sera son horizon ; le plan de l'équateur E O Z sera éloigné du zé-

nith F de 3o degrés, et par conséquent, distant
de l'horizon de 6o degrés. Le pôle P sera élevé
de 3o degrés mesurés par l'angle H C P, et le
pôle P' sera abaissé de la même quantité au des-
sous de ce plan. Il suit de cette construction,
que la distance du zénith à l'équateur, ou la *latitude*, est toujours égale à la hauteur du pôle
sur l'horizon. Dans cette situation, les cercles
décrits par les étoiles sont inclinés sur l'horizon,
et c'est ce qui a fait donner à cette position le
nom de sphère oblique.

En suivant dans leurs cours les astres de la
sphère, nous les avons tous vus s'élever successivement au-dessus de l'horizon, puis s'abaisser
au-dessous. Quel sera le point où l'astre cessera
de monter? Comment le déterminer?

Plusieurs méthodes conduisent à ce résultat :
la suivante, fondée sur *les hauteurs correspondantes du soleil*, est peut-être la plus simple.

Sur une surface exactement horizontale (ce
dont on s'assure au moyen du niveau à bulle
d'air), on place un style vertical, du pied duquel on décrit, comme centre, plusieurs circonférences. On marque sur chacune d'elles les
points correspondant aux extrémités des ombres
projetées par le soleil à diverses hauteurs, avant
et après midi; puis on divise l'arc compris entre les deux points que l'ombre a tracés sur cha-

que circonférence, et on obtient ainsi une ligne qui, passant par le pied du style, détermine le plan dans lequel se trouve le soleil lorsqu'il a atteint le plus haut point de sa course. Cet instrument se nomme le *gnomon*, et le plan qu'il sert à déterminer est le *méridien*. Il passe par le zénith du lieu et par les pôles, et coupe l'horizon suivant une droite qui prend le nom de *méridienne*.

Une autre méthode, très simple encore, est celle de *la mesure du temps*; mais elle nécessite l'emploi de l'instrument des passages, ou lunette méridienne, que nous décrivons d'autant plus volontiers, qu'il est fréquemment employé par les astronomes.

Cet instrument se compose, comme les lunettes astronomiques, d'un tube cylindrique, portant un objectif et un oculaire. Au foyer de l'objectif est placé un diaphragme percé à son milieu, pour ne laisser passer que les rayons voisins de l'axe, et rendre la vision plus nette. En ce même endroit sont déposés, sur une plaque métallique mobile, des fils très fins, qui divisent le champ de la lunette en quatre parties égales. Dans le micromètre, ces fils sont ordinairement au nombre de cinq verticaux et parallèles, et d'un sixième horizontal. Cet instrument, fixé d'une manière inébranlable sur des tourillons, est construit de manière à ne se mouvoir que dans un seul plan vertical.

Pour déterminer le méridien, on place l'instrument dans un plan vertical, on dirige la lunette vers une étoile constamment visible, on l'observe à l'instant de sa plus grande et de sa plus petite hauteur, et on compte sur une horloge bien exacte le temps écoulé entre les deux passages de l'étoile. Presque toujours alors, si l'on a choisi un plan vertical quelconque, on trouve une grande différence; l'un étant plus grand qu'une demi-révolution, c'est-à-dire que douze heures sidérales, et l'autre plus petit. Il suffira donc de connaître cette différence, et d'amener peu à peu la lunette dans le plan qui divisera exactement en deux moitiés le cercle diurne de l'étoile, ce que l'on pourra facilement exécuter après plusieurs tâtonnements.

Il existe aussi diverses méthodes propres à fixer la position des astres. Deux surtout sont particulièrement employées.

La première consiste à mesurer les angles formés par les plans verticaux, passant par chaque astre, avec un méridien auquel on rapporte les distances de ces astres.

On commence par fixer la hauteur de l'astre qu'on observe sur le plan vertical où il est placé, à l'aide du *quart de cercle mural*. C'est un secteur, garni d'une lunétte mobile, au foyer de laquelle se trouve un micromètre composé de deux fils mobiles seulement, l'un vertical, l'autre horizontal. Le rayon du cercle doit être disposé tout-à-fait verticalement dans le plan du méridien, et doit correspondre au zéro des divisions tracées sur le cadran décrit par le rayon. Le fil vertical du micromètre sert à diriger l'axe optique dans le plan du rayon, condition indispensable pour que les arcs mesurés par le limbe soient égaux à ceux que décrit l'axe optique. Au moment où l'axe entre dans le champ de la lunette, au moyen d'un mécanisme convenable, on lui fait suivre le fil horizontal, et lorsque son centre touche au fil vertical, il est exactement dans le plan du méridien. On lit ensuite sur le limbe l'arc qui mesure l'angle formé par le rayon vertical et le rayon visuel ; cet angle est la distance au zénith, complément de la hauteur méridienne.

Il s'agit maintenant de connaître l'angle compris entre le vertical dans lequel se trouve l'astre que l'on observe et le méridien ; cet angle s'appelle l'azimuth de cet astre ; il est oriental ou occidental. On peut y arriver en notant exactement l'heure de son passage au méridien et dans le vertical où on l'observe : alors le temps qui s'est écoulé entre ces deux passages en donne la

valeur. Ce moyen, extrêmement simple, est employé assez fréquemment.

- La distance au zénith et l'azimuth d'un astre,
éléments nécessaires pour fixer sa position, peuvent encore s'obtenir à l'aide d'un instrument
que l'on nomme cercle entier, et composé de
deux cercles gradués, dont l'un horizontal offre
la trace de la méridienne, et dont l'autre, muni
d'une lunette à micromètre, est perpendiculaire
au précédent, et peut se mouvoir autour de la
verticale qui le traverse à son centre. Au moment
où l'on veut observer l'astre, on le place au
centre des fils, en ayant soin préalablement de
disposer, dans son plan vertical, le cercle dont
nous avons parlé en dernier lieu. Il indique alors
la hauteur de l'astre sur l'horizon et sa distance
au zénith qui en est le complément, tandis que
le cercle horizontal ou azimutal, marque l'azimuth au moment de l'observation.

Les distances au zénith et les azimuths forment, comme on le voit, un système d'angles,
à l'aide desquels il est très facile d'obtenir la position des astres d'une manière rigoureuse. Mais
cette méthode présente un inconvénient qui l'a
fait rejeter presque entièrement : c'est que le
zénith et les azimuths, variant toutes les fois que
l'observateur change d'horizon et de méridien,
on n'a ainsi aucun point fixe auquel on puisse

rapporter toutes les observations, et les diverses positions n'offrent rien de comparable. C'est pour cela que l'on a préféré la méthode suivante, dite des *ascensions droites et des déclinaisons*.

Dans celle-ci, il suffit de connaître le cercle horaire de l'astre et sa position sur ce cercle.

La position de l'astre sur le cercle horaire se détermine au moyen de l'instrument qui nous a servi à mesurer les hauteurs méridiennes. On en déduit la distance au pôle, et de celle-ci, celle à l'équateur qui en est le complément, et que l'on nomme sa déclinaison ; ce qui fait qu'on appelle quelquefois les cercles horaires *cercle de déclinaison*.

La déclinaison se compte depuis zéro jusqu'à un angle droit; on la dit boréale ou australe, suivant que l'astre est au nord ou au sud de l'équateur.

Quand à la position du plan horaire, elle se détermine d'après l'angle qu'il fait avec un plan horaire désigné. Si l'angle dièdre, formé par la rencontre de ces plans, est mesuré par un arc d'équateur, cet arc est ce qu'on nomme l'*ascension droite*. On le détermine en observant le temps qui s'écoule entre le passage de l'astre au méridien et celui du plan horaire, que l'on a choisi pour point de départ. Les astronomes désignent par le signe ♈ le point à partir duquel ils comptent les ascensions droites ; ce point est celui où le soleil coupe l'équateur lorsqu'il remonte du tropique austral vers le nord.

L'ascension droite est donc l'angle que forme le plan horaire d'une étoile avec le méridien, à l'instant où le point fixe du Bélier ♈, point où le soleil nous paraît être au printemps, se trouve dans le plan du méridien. L'ascension droite se compte toujours d'occident en orient, et depuis zéro jusqu'à la circonférence entière. Ce système de lignes, au moyen duquel on détermine la position des astres, offre, comme il est facile de l'apercevoir, beaucoup d'analogie avec le précédent ; mais il en diffère essentiellement en ce que les positions des astres étant prises par rapport à des cercles de la sphère célestes invariablement fixés, puisqu'en effet ce sont l'équateur céleste et un méridien fixe, tous les observateurs situés à la surface de la terre peuvent y rapporter leurs observations et comparer entre eux les résultats qu'ils ont obtenus. La déclinaison et l'ascension droite connues, on trouve tous les rapports de situation et de distance sur la sphère céleste.

Ce que nous venons de dire va faire comprendre comment on peut obtenir un catalogue d'étoiles au moyen de la lunette méridienne, ou de tout autre instrument convenable. On détermine l'instant du passage d'une étoile quelconque que l'on connaît dans le plan du méridien ; on note exactement l'heure, la minute, la seconde de son passage, en partant de 0^h du pendule. On fait la même chose pour toutes les autres étoiles, à mesure qu'elles arrivent dans le plan du méridien. On connaît ainsi la différence de leurs ascensions droites, on connaît également la hauteur de chacune d'elles. Ces données acquises, il est facile d'indiquer la position qu'elles doivent conserver entre elles, et on possèdera ainsi une carte céleste, sur laquelle seront tracés les divers groupes d'étoiles qui forment les constellations. Les premières cartes célestes sont très anciennes. Hipparque est le premier qui les ait construites ; et comme les distances relatives des étoiles n'ont pas. offert de changements sensibles depuis les premières observations, ces cartes peuvent toujours être employées pour connaître le ciel.

Le point qui sert d'origine pour les ascensions droites en sert aussi pour le temps sidéral ; c'est-à-dire que l'on compte 0^h $0'$ $0''$ sidérales au moment du passage au méridien.

On conçoit, d'après cela, que rien n'est plus facile que de savoir l'heure qu'il est en temps sidéral, la hauteur du pôle dans le lieu où l'on observe étant préalablement connue. Il suffi d'observer la distance zénithale d'une étoile connue et de calculer son angle horaire , compté, par exemple, du méridien supérieur, et dans le sens du mouvement diurne de o à 36o°, en ajoutant cet angle à l'ascension droite de l'étoile, et rejetant les circonférences entières, s'il y en a. Le reste, converti en temps, exprimera la distance du méridien au point du ciel que l'on a pris pour origine, c'est-à-dire l'heure sidérale (Biot, *Astron. phys.*).

QUATRIÈME LEÇON.

DES ÉTOILES FIXES.

Nous avons déjà dit que sous cette dénomination sont compris tous les corps de la sphère, qui paraissent conserver toujours leur positions relatives ; nous disons qui *paraissent* parce que des observations modernes, et sur-tout celles d'Herschell, accusent des changements survenus dans leurs relations mutuelles, d'où il résulterait que les étoiles fixes sont aussi soumises à des mouvements, à la vérité très lents et presque imperceptibles. Leur nombre, au premier coup-d'œil, paraît immense, parce qu'elles sont écartées, confuses, et ne peuvent toutes se renfermer dans le champ de l'œil. Mais il est facile de se convaincre que le nombre de celles qu'on peut voir à l'œil nu, est très limité et ne s'élève guère qu'à quelques milles. Il suffit de prendre une portion du ciel, et de compter celles qu'elle renferme : on n'en peut guère voir à la fois que

5oo ; mais , avec le secours des lunettes et des télescopes, leur nombre se multiplie au-delà de toute expression.

Leur distribution dans le ciel, par groupes ou amas, a fait naître l'idée de les diviser en constellations. Nous avons déjà vu que ce sont des systèmes d'étoiles qu'on distingue les unes des autres par des lettres et des chiffres. Hipparque nous a transmis une table générale des constellations que l'on considérait de son temps ; elles sont au nombre de 48 : 12 dans le zodiaque, 21 au nord, et 15 au midi. Aujourd'hui le nombre en est considérablement augmenté.

La table suivante renferme les constellations et le nombre des étoiles comprises dans chacune d'elles.

CONSTELLATIONS BORÉALES DES ANCIENS.

La petite Ourse.	2
La grand Ourse.	87
Le Dragon.	85
Céphée.	58
Le Bouvier.	70
La Couronne.	33
Hercule.	128
La Lyre.	21
Le Cygne.	85

CONSTELLATIONS BORÉALES DES MODERNES.

CONSTELLATIONS ZODIACALES.

CONSTELLATIONS AUSTRALES DE ANCIENS.

CONSTELLATIONS AUSTRALES DES MODERNES.

Képler a fait une observation très ingénieuse sur les grandeurs et les distances des étoiles fixes. Il remarque qu'il n'y a que treize points sur la surface d'une sphère qui soient aussi éloignés entre eux qu'ils le sont du centre, et supposant que les étoiles fixes les plus rapprochées sont aussi éloignées les unes des autres qu'elles le sont du soleil, il tire cette conclusion qu'il n'y a rigoureusement que treize étoiles de première grandeur. A deux fois la distance du soleil, il peut y en avoir quatre fois autant, et ainsi de suite. Ce mode de calcul nous donne à peu près le nombre des étoiles de première, deuxième et troisième grandeurs.

Lorsque, par un temps serein, on distingue bien les étoiles, on aperçoit, dans plusieurs parties de la sphère céleste, des taches blanchâtres qui répandent une faible lumière. En les regardant avec un instrument d'un pouvoir amplificatif puissant, on y découvre une multitude de petites étoiles très rapprochées les unes des autres : c'est la lumière qu'elles émettent qui donne lieu aux teintes observées. La voie lactée, cette large zone qui embrasse la concavité céleste, n'est elle-même qu'une série de nébuleuses semblables. Herschell, qui les a observées avec un télescope puissant, en parle en ces termes : « Ces nébuleuses sont arrangées en couches d'une assez grande longueur, et j'en ai assez suivi quelques-unes pour reconnaître leur forme et leur direction. Il est probable qu'elles environnent entièrement la sphère étoilée, comme la voie lactée qui n'est sûrement qu'une couche de ces étoiles; et comme cette immense lit étoilé n'est pas également lumineux dans toutes ses parties, qu'il ne court pas en ligne droite, mais qu'il se courbe et même se divise en plusieurs zones, nous pouvons présumer, avec assez de raison, qu'il y a une grande variété dans les couches de ces amas d'étoiles et de nébuleuses. Un de ces lits est si riche en étoiles, que, dans une de ses parties que je n'ai observée que trente-six minutes, j'ai découvert trente-une nébuleuses, toutes visibles distinctement sur un beau ciel bleu. Leur situation, leur volume et leur éclat offrent une variété inouie. Dans une autre couche, qui est peut-être une branche différente de la première, j'ai vu souvent des nébuleuses doubles et triples diversement arrangées ; l'une paraissait environnée d'une multitude de petits corps comme des satellites ; dans une autre, sa lumière nébuleuse était beaucoup étendue ; d'autres, de la forme d'un éventail, ressemblaient à une aigrette électrique partant d'un point lumineux; d'autres enfin émettaient une faible lumière qu'elles paraissaient recevoir des autres étoiles. Il est probable que la grande couche, appelée voie lactée, est celle dans laquelle est placé le soleil, quoique peut-être il n'occupe pas le centre de son épaisseur. Nous le présumons parce qu'elle semble environner tout le ciel, ce qu'elle doit faire si l'astre en fait partie ; car supposons un certain nombre d'étoiles arrangées entre deux plans parallèles, indéfiniment étendus de chaque côté, mais à une distance donnée considérable l'un de l'autre, et appelons-le une couche sidé-

rale ; un observateur qui y serait placé, verrait toutes les étoiles, dans la direction des plans
de ces couches projetées dans un grand cercle
qui paraîtrait éclairé par l'accumulation des
étoiles, tandis que le reste du ciel, de chaque
côté, semblerait avoir des constellations plus ou
moins éparses, selon la distance de ces plans, ou
le nombre des étoiles contenues dans l'épaisseur
ou les côtés de cette couche.

» Nous pouvons maintenant apprécier la
place qu'occupe notre petite planète dans ce
vaste univers. Prenons une étoile de cet immense système, et comparons-la à l'innombrable
quantité des autres ; et, afin de mieux juger,
examinons d'abord à l'œil nu. Les étoiles de la
première grandeur étant probablement les plus
rapprochées de nous, nous fourniront le premier degré de notre échelle : c'est pourquoi, si
nous prenons la distance de Sirius ou d'Arcturus, par exemple, pour unité, nous pourrons
supposer que celles de la deuxième grandeur
sont à une distance double, celles de la troisième
à une distance triple, ainsi de suite. Si on admet
qu'une étoile de la septième grandeur est environ sept fois aussi loin de nous que celles de la
première, un observateur placé au centre d'une
sphère environnée d'étoiles, n'en verra pas les
parties les plus éloignées à l'œil nu ; car puisque, d'après nos estimations, la vue ne pourra

s'étendre qu'à sept fois la distance de Sirius, il ne peut se promettre de la porter aux bornes de ces amas d'étoiles dont la profondeur est peut-être de cinquante de ces astres autour de lui. Son univers ne comprendra que les constellations avec les étoiles de toute grandeur qui les accompagnent; ou si la nuit est pure, sans nuages, il pourra encore apercevoir les étoiles principales des nébuleuses. Mais armons-le d'un télescope, il commencera à soupçonner que la lumière de la voie lactée est due à l'accumulation des étoiles; si nous augmentons encore le pouvoir de sa vision, il acquerra la certitude qu'elle est remplie d'une quantité innombrable de très petites étoiles, et que les nébuleuses ne sont que des amas de ces corps. »

Herschell remarque que, dans la partie la plus fournie de la voie lactée, il y a des champs de vue, renfermés dans quelques minutes, qui contiennent jusqu'à 588 étoiles; que, dans un quart-d'heure, il en a vu passer 116,000 dans le champ de son télescope qui n'avait que 15′ d'ouverture; qu'une autre fois, en quarante-une minutes, il en a vu passer 258,000. Chaque perfectionnement qu'il a apporté à ses télescopes lui a fait découvrir plus d'étoiles; et il ne paraît pas qu'il y ait plus de bornes à leur nombre qu'à l'étendue de l'univers.

Notre soleil n'est probablement qu'une étoile

fixe, puisque, transporté à la distance en deçà
de laquelle nous démontrerons tout-à-l'heure
que les étoiles ne peuvent pas se trouver, il
aurait absolument la même apparence. Qu'en
conclure, sinon que les étoiles, qui brillent de
leur propre lumière, puisque leurs distances
sont incommensurables, sont comparables au
soleil en éclat et en volume ; qu'elles doivent
être aussi éloignées les unes des autres qu'elles
le sont de nous, et que l'analogie nous porte à
penser que, comme notre soleil, elles dispensent la lumière et la chaleur aux systèmes planétaires qui gravitent autour d'elles ?

Herschell pense que notre soleil, comme la
plupart des étoiles, a un mouvement progressif
direct vers la constellation d'Hercule, dans
laquelle il entraîne tout notre système planétaire.
Il remarque que les mouvements apparents de
quarante-quatre étoiles sur cinquante-six qu'il a
étudiées, suivent à peu près la direction que
produirait un mouvement réel de cette espèce
dans le système solaire, et que les étoiles brillantes de Syrius et d'Arcturus, qui sont probablement les plus rapprochées de nous, ont,
comme le veut cette théorie, les plus grands
mouvements apparents. L'étoile de Castor, vue
au télescope, parait formée de deux étoiles de
grandeur presque égale ; et quoiqu'elles aient un
*

mouvement apparent, on n'a pu reconnaître une variation de distance respective d'une seule seconde, ce qui est facile à saisir si leurs mouvements apparents sont dus au mouvement réel du soleil.

En parcourant les catalogues d'étoiles que nous ont laissés les anciens, on est frappé d'une remarque bien singulière : quelques-unes de ces étoiles ont changé d'éclat d'une manière plus ou moins notable ; et tandis que d'autres ont apparu, qui n'avaient jamais été vues, il en est qui ont disparu pour redevenir visibles plus tard, et quelquefois pour ne plus reparaître. Ces phénomènes étonnants se sont manifestés à toutes les époques ; et voici un travail intéressant d'Halley sur ces changements extraordinaires : « la première nouvelle étoile de Cassiopée ne fut pas aperçue par Cornelius Gemma le 8 novembre 1572. Il raconte que le temps était serein et le ciel étoilé, cependant il ne la vit pas ; mais la nuit suivante, elle apparut avec une splendeur qui surpassait celle des étoiles fixes. Elle était presque aussi brillante que Vénus. Elle ne fut vue par Tycho-Brahé que le 11 du même mois ; depuis cette époque, elle diminua graduellement, et disparût en mars 1574, après seize mois d'apparition ; elle ne s'est pas représentée. Sa place, dans la sphère des étoiles fixes reconnues par les observations de Tycho-Brahé, était par 0^s 9° $17'$ d'ascension droite et 53° $45'$ de déclinaison boréale. Le 30 septembre 1604, les élèves de Képler en aperçurent une autre qui n'avait pas été vue la veille; elle se montra de suite avec une lumière qui surpassait celle de Jupiter. Elle s'affaiblit comme la première, et disparut comme elle en janvier 1605. Elle était près de l'écliptique, vers la jambe droite du Serpentaire. D'après les observations de Képler, elle avait 7^s 28° $0'$ d'ascension droite et une déclinaison de 1° $56'$. Ces deux étoiles semblent être d'une espèce particulière; on n'en a pas revu de semblables. Mais entre ces deux apparitions, c'est-à-dire en 1596, David Fabricius en observa une autre dans la Baleine, qui était aussi brillante qu'une étoile de troisième grandeur. On a reconnu depuis qu'elle éprouvait des changements périodiques dans l'intensité de sa lumière. Elle ne se montre pas toujours avec le même éclat, mais elle n'est jamais totalement éteinte, et peut constamment se voir avec un télescope. Elle était seule de son espèce, jusqu'à celle qui fut découverte dans le cou du Cygne. Elle a une ascension droite de 1° $40'$ avec 15° $57'$ de déclinaison. Une nouvelle étoile variable fut découverte en 1600 par W. Jausonius sur la poitrine du Cygne. Celle-ci n'excédait pas la

troisième grandeur. Au bout de quelques années,
elle devint si petite, qu'on crût qu'elle avait
entièrement disparu ; mais elle se montra de
nouveau en 1657, 1658 et 1659 ; elle s'affaiblit
peu à peu, et bientôt elle ne fût plus que de la
cinquième et sixième grandeur. Elle était par
9ˢ 18° 38′ d'ascension droite, avec 55° 29′ de
déclinaison boréale. Le 15 juillet 1670, Hévélius en découvrit une qui paraissait de sixième
grandeur, mais qui se voyait à peine à l'œil nu
au commencement d'octobre. En avril suivant,
elle redevint brillante, et disparut totalement
vers le milieu d'août. Elle fit une nouvelle apparition en mars de l'année suivante, mais ne se
montra plus que de la sixième grandeur. Elle
n'a pas reparu depuis. Sa place était 9ˢ 3° 17′
d'ascension droite, et 47° 28′ de déclinaison
boréale. La sixième et la dernière est celle qui fut
découverte par G. Kirch, en 1686 ; sa période
est de 404 jours et demi, et quoiqu'elle excède
rarement la cinquième grandeur, elle est très
régulière dans ses retours, comme on l'a vu
en 1704. Elle se montra de nouveau, le 15
juin 1715, une des premières étoiles télescopiques ; elle augmenta jusqu'en août, qu'elle
devint visible à l'œil nu, et continua ainsi jusqu'en septembre. Elle diminua alors peu à peu,
et le 8 décembre, elle était à peine visible au

télescope. Sa période est d'environ six mois, et le moment de son plus grand éclat arrive vers le 10 septembre.

On a divisé en deux classes les étoiles que le dernier siècle soupçonnait d'être variables. Dans la première, sont rangées celles qui le sont réellement, et dans la seconde, celles qui ne sont que présumées l'être. Les premières sont au nombre de douze, de la première à la quatrième grandeur, y compris celle qui parut dans Cassiopée en 1572, et celle qui se montra en 1604 dans le Serpentaire. Les secondes vont jusqu'à trente, et sont de la première à la septième grandeur.

On s'est épuisé en conjectures pour expliquer ces changements surprenants. Newton pensait que la vivacité passagère de leur éclat était due à une augmentation de combustible produit par la chute de quelque comète. Ce système de Newton, qui veut que les comètes soient destinés à alimenter la combustion des étoiles, comme des bûches qu'on jetterait dans un foyer, est trop peu en harmonie avec les moyens qu'emploie la nature et avec le mode de combustion probable des corps célestes, qui ne peut guère être dû qu'à des agents électriques. Maupertuis suppose que les étoiles sont animées d'un mouvement de rotation si rapide, que la force

centrifuge a dû leur donner la figure d'un sphéroïde tellement aplati, qu'il est réduit à un plan
circulaire, comme une meule de moulin : de
sorte qu'elles doivent nous paraître très écla-
tantes, lorsque, par l'effet d'un mouvement
d'inclinaison, elles nous présentent la face de
leur disque, tandis qu'elles peuvent n'être que
peu ou point visibles, quand leur bord est
tourné vers nous. D'autres ont pensé que ces
changements étaient produits par des taches obscures répandues sur la surface des étoiles, ou
bien enfin, que ces corps tournent dans des
orbites si vastes, qu'ils ne sont visibles, comme
les comètes, que lorsqu'ils sont aux points les
plus rapprochés de nous. Ce qu'il y a de plus
probable, relativement aux étoiles périodiques,
c'est qu'elles ont une face obscure.

Une réflexion naît de ces observations. Notre
soleil, nous l'avons dit, est une étoile. N'a-t-il
jamais subi des variations analogues ? Et s'il a
éprouvé quelques-unes de ces grandes vicissi-
tudes, quelles incalculables conséquences ont
dû en résulter? Ces considérations méritent
peut-être de fixer l'attention des géologues qui
recherchent les causes des catastrophes épouvan-
tables dont notre globe offre partout les traces.

Il nous reste, pour terminer cette leçon, à
nous former, s'il est possible, une idée de la

distance qui nous sépare des étoiles fixes. Avant d'aborder ce problème, prémettons quelques notions indispensables.

L'angle que soustend un objet varie en raison inverse de la distance de cet objet à l'œil de l'observateur. C'est une des propositions les plus élémentaires de la géométrie.

D'un autre côté, la trigonométrie fait connaître les relations qui existent entre les dimensions d'un objet, sa distance et l'angle qu'il soustend : c'est ainsi qu'un objet qui soustend un angle de $1°$ est à une distance égale à 57,38 fois ses dimensions ; si l'angle est de $1'$, il est à 3438 fois ses dimensions, et à 206,000 fois, si l'angle soustendu est de $1''$.

Cela posé, il est aisé de concevoir que, le diamètre de la terre étant connu, si l'on connaissait l'angle qu'il soustend, vu des étoiles, on aurait par là même la distance de ces étoiles. C'est cet angle qu'on appelle la *parallaxe*. Pour le trouver, on emploie une méthode analogue à celle dont on se sert pour mesurer la distance des objets terrestres entre eux. Elle consiste à prendre une base d'une grandeur connue, et à mesurer les angles que forment à ses extrémités les rayons visuels qui partent de l'objet dont il faut déterminer la distance. Ces angles mesurés, on soustrait leur somme de $180°$, et le reste donne l'angle cherché, d'après cette proposition si féconde de la géométrie, que les trois angles d'un triangle sont toujours égaux à deux angles droits.

Mais lorsqu'on opère ainsi, et qu'on prend pour base le rayon ou le diamètre terrestre, la parallaxe qu'il donne n'est pas appréciable relativement aux étoiles, ce qui signifie que le diamètre de la terre, comparé à la distance qui nous sépare de ces astres, est une quantité tout-à-fait imperceptible.

Puisque trois mille lieues ne sont rien, comparées à la distance des étoiles, à quel terme de comparaison recourir pour la mesurer ? A un qui sera suffisant peut-être : au grand diamètre de l'orbite terrestre, qui a 70,000,000 de lieues. C'est ce qu'on appelle *la grande parallaxe*, ou *la parallaxe annuelle*. Hook, Flamsteed et Bradley observèrent à l'aide du secteur du zénith, aux équinoxes de printemps et d'automne, le passage du γ du Dragon sur le télescope perpendiculaire, se promettant que le diamètre de l'orbite terrestre ferait un angle ou parallaxe avec lui. Leur espérance ne se réalisa point : l'angle n'était pas appréciable. Et cependant, si la parallaxe annuelle des étoiles était seulement d'une seconde, elles seraient encore à plus de 5,000,000,000,000 de lieues de nous, et nous pourrions mesurer leurs volumes. Quel sujet plus propre à nous faire concevoir l'immensité de l'espace, surtout si l'on songe que ces milliers d'étoiles, qui se superposent à nos yeux, conservent toutes entre elles ces distances incommensurables !

CINQUIÈME LEÇON.

DISTANCE DES PLANÈTES.

Quelque grands que soient les pouvoirs amplificatifs de l'instrument dont on se sert, le diamètre apparent des étoiles fixes n'en est jamais agrandi. Elles paraissent toujours comme un point indivisible. Les planètes, au contraire, présentent un disque dont le diamètre grandit avec la puissance de l'instrument qu'on emploie. Cette différence suffit déjà pour nous convaincre qu'elles sont beaucoup plus rapprochées de nous que les étoiles, et le micromètre nous prouve que cette distance varie, en nous accusant des variations dans leurs dimensions apparentes.

La lune, que ces observations annonçaient devoir être très peu éloignée de la terre, fut soumise de bonne heure aux appréciations de la géométrie. MM. Lacaille et Lalande se transportèrent, l'un à Berlin, et l'autre au cap de Bonne-Espérance, pour en déterminer la parallaxe. Nous avons déjà dit que c'est l'angle formé par par deux rayons visuels partant d'un astre et aboutissant aux deux extrémités du rayon terrestre. Ils trouvèrent que cet angle est de 1°, ce qui donne, pour la distance moyenne de la lune à la terre, environ soixante rayons terrestres, ou 80,000 lieues. Le diamètre de la lune est à peu près le quart de celui de la terre, et son volume environ la cinquantième partie de celui de cette dernière.

L'erreur qui peut exister dans l'évaluation de la distance par cette méthode peut être d'une demi-seconde pour chacun des angles mesurés à Berlin et au Cap, et conséquemment d'une seconde pour le résultat, c'est-à-dire de la 3,600^e partie de la distance, que nous avons dit être de 80,000 lieues. Cette erreur peut toujours exister dans cette méthode, parce qu'on ne peut pas être sûr d'un angle à moins d'une demi-seconde près.

La parallaxe du soleil est de 8',6 à $\frac{1}{10}$ près, et sa distance moyenne de 34,000,000 de lieues. Son diamètre est à celui de la terre dans la proportion de 1 à 111, et son volume, dans la proportion de 1 à 1,300,000.

La parallaxe du soleil est connue à un dixième

de seconde près, approximation beaucoup plus
grande que celle que nous avons vu pouvoir
s'obtenir par la méthode ordinaire. Aussi cette
évaluation a-t-elle été donnée par un autre
moyen, que nous allons faire connaître.

Elle est fournie par les passages de Vénus sur
le disque du soleil. Soit S, fig. 14, pl. 1, le soleil, A B le rayon terrestre, et vv' Vénus parcourant son orbite autour du soleil. Supposons
maintenant que deux observateurs placés, l'un
en A et l'autre en B observent et notent exactement les diverses phases de la conjonction ; la
différence de leurs résultats donnera le temps que
Vénus aura mis à parcourir l'arc de cercle vv',
arc qui donnera lui-même la mesure de la parallaxe du soleil. Cette opération, que nous
présentons ici avec tant de simplicité, se com-
plique des mouvements de la terre et d'autres
particularités dont il faut nécessairement tenir
compte, pour obtenir un résultat purgé de toute
erreur.

Les distances et les volumes des autres planètes ont été déterminés par des moyens analogues : nous en donnerons les résultats, en nous
occupant de chacun de ces astres en particulier,
après avoir traité du soleil. Pourtant nous ferons
connaître ici les rapports numériques singuliers
qui existent entre les distances des planètes à

l'égard les unes des autres. Si on prend les nombres suivants : 0, 3, 6, 12, 24, 48, 96, 192, et qu'ensuite on ajoute à chacun d'eux le nombre 4, de manière à obtenir 4, 7, 10, 16, 28, 52, 100, 196, ces dernières quantités exprimeront l'ordre d'éloignement des planètes au soleil, de cette sorte :

0, 3, 6, 12, 24, 48, 96, 192.
4, 7, 10, 16, 28, 52, 100, 196.
☿ ♀ ♁ ♂ ♃ ♄ ♅

Képler, en présence de ces rapports, où il voyait une lacune entre 28 et 52, osa prédire la découverte des nouvelles planètes, et ce fut ce soupçon qui guida les astronomes qui en firent la recherche.

LE SOLEIL ☉.

Nous venons de voir que le soleil est un globe immense, 1,300,000 fois plus grand que la terre, et que sa distance moyenne est de 34,000,000 de lieues. Nous verrons dans une autre leçon, que l'attraction nous fournira les moyens de déterminer sa densité et son poids.

Nous avons déjà dit, d'après l'autorité d'Herschell, que cet astre est probablement emporté, avec tout le cortége de ses planètes, vers la constellation d'Hercule : il est en outre animé d'un mouvement de rotation sur lui-même, qu'il exécute en vingt-cinq jours. C'est ce que prouve l'observation des taches que présente sa surface, et dont nous parlerons en traitant de sa constitution physique. Le mode de mouvement de ces taches et les divers aspects qu'elles prennent selon qu'elles se présentent obliquement ou de face, ne permettent pas de douter qu'elles ne soient inhérentes à la surface du soleil, ni que cet astre soit un corps sphérique. Nous ne parlons pas du mouvement qu'il paraît exécuter dans le plan de l'écliptique ; nous verrons plus tard qu'il est le résultat de la translation de la terre dans les divers points de son orbite.

Constitution physique du soleil.

Le soleil, avons-nous dit, présente des taches à sa surface : les unes sont obscures, les autres lumineuses, et on a donné à ces dernières le nom de *facules*. Leur forme est très irrégulière, leur durée fort variable, et elles sont ordinairement environnées d'une pénombre. Elles sont toujours comprises dans une zone dont l'étendue varie au nord et au midi de l'équateur solaire.

On a cherché à expliquer ces taches ou facules de plusieurs manières. Quelques-uns out imaginé que le soleil, d'où s'échappe continuellement une grande quantité de chaleur et de lumière, est un corps en combustion, et que les taches obscures ne sont que des scories qui viennent nager à la surface. Les facules, au contraire, seraient dues aux éruptions volcaniques de cette masse en fusion. Le plus grand inconvénient de cette opinion est de ne pouvoir s'adapter à l'explication des phénomènes ; elle n'a pas obtenu l'assentiment des astronomes. Celle qui est aujourd'hui accueillie avec le plus de faveur, considère le soleil comme composé d'un noyau obscur et solide, enveloppé de deux atmosphères, l'une obscure et l'autre lumineuse. Dans cette hypothèse, l'apparition des taches s'explique par des échancrures produites dans les atmosphères, et qui laissent apercevoir le noyau du soleil. La pénombre est l'extrémité de l'atmosphère obscure, moins largement échancrée que l'atmosphère lumineuse, et qui s'aperçoit autour de l'ouverture qui laisse voir le noyau.

Cette opinion, quelque bizarre qu'elle paraisse, a l'avantage d'expliquer parfaitement tous les phénomènes, et elle acquiert un haut degré de probabilité, si l'on considère que la matière incandescente du soleil ne peut être ni un solide, ni un liquide, mais nécessairement un gaz.

En effet, les rayons lumineux, émanés d'une sphère solide ou liquide, en incandescence, jouissent des propriétés de la polarisation, tandis que ceux qui s'échappent des gaz incandescents en sont privés. C'est l'application de ce principe aux expériences faites sur le soleil qui a conduit à la conséquence que nous avons prémise.

Ces expériences se font au moyen d'un instrument fort ingénieux, dont la construction repose sur les propriétés de la lumière polarisée. C'est une lunette, munie d'un morceau de cristal, et qui donne à son foyer, lorsqu'on regarde le soleil, deux images colorées. Un mécanisme très simple permet d'éloigner ou de rapprocher l'une de l'autre ces images, et même de les superposer en tout ou en partie. Cette lunette sert à reconnaître que la lumière des bords du soleil est aussi intense que celle du centre; car, si l'on superpose les deux images du soleil, de manière que le bord de l'une coïncide avec le centre de l'autre, on produira, aux points de coïncidence, de la lumière parfaitement blanche. D'où il résulte : 1° que les bords du soleil ont une lumière aussi intense que le centre; 2° que les couleurs des deux images, produites par la lunette, sont complémentaires l'une de l'autre.

Mais, de ce que la lumière des bords du soleil est aussi vive que celle du centre, il résulte encore une autre conséquence : c'est que le soleil n'a point d'atmosphère au-delà de la matière lumineuse ; car, s'il en était autrement, la lumière des bords en ayant une plus forte couche à traverser, se trouverait plus affaiblie.

Quelle est la nature de la lumière que le soleil nous envoie ? Cette question a long-temps divisé les physiciens. Les uns, appuyés sur l'autorité de Newton, prétendaient que le soleil, ainsi que tous les corps lumineux, a la propriété de lancer, avec une vitesse prodigieuse, des particules très déliées de sa substance ; c'est le système de l'*émission*. D'autres pensaient, au contraire, que le phénomène de la lumière est produit par les vibrations d'un fluide appelé éther, répandu dans toute la nature, et mis en mouvement par la présence des corps lumineux : c'est le système des *vibrations* ou *ondulations;* il réunit aujourd'hui toutes les opinions; car on ne comprend pas comment un corps pourrait émettre continuellement une partie de ses molécules sans rien perdre de son volume et de son éclat. Mais le plus grand défaut du système de l'émission, c'est de ne pas satisfaire aujourd'hui à toutes les conditions ; tandis que l'autre réunit pour lui toutes les probabilités, surtout depuis que des découvertes récentes ont fait apercevoir les rapports les plus intimes entre la cause qui produit les phénomènes électriques et celle qui donne naissance à la lumière.

M. Pouillet s'est proposé de déterminer quelle peut être la température des rayons lumineux. Voici son expérience : Imaginons, dit-il, une sphère en glace, percée à l'extérieur d'une ouverture qui permette de faire pénétrer dans le centre un thermomètre qui se maintiendra à o degré. Supposons maintenant qu'on fasse arriver des rayons lumineux jusqu'au thermomètre : il s'échauffera et montera d'une certaine quantité. Or, si l'on connaît la distance du thermomètre au corps lumineux, le rapport de l'ouverture par laquelle les rayons lumineux ont pénétré, avec celui de la circonférence entière de la sphère, et la quantité dont le thermomètre est monté, on pourra calculer la quantité de chaleur qui aura été envoyée par le corps incandescent. Quelle que soit la distance maintenant, pourvu qu'elle soit connue, il sera toujours facile d'arriver à déterminer la quantité de chaleur envoyée au moyen du thermomètre.

Ce physicien trouva par ce moyen, que son thermomètre, placé dans ces conditions, ne montait jamais à plus de 7° et demi et ne descendait jamais au-dessous de 6°; ce qui lui donna une moyenne d'environ 1200° pour la température des rayons solaires.

Enfin, on s'est demandé si les rayons lumineux, dont la vitesse est excessive, puisque nous démontrerons qu'elle est de 70,000 lieues par seconde, ont une force d'impulsion appréciable. Mais les expériences les plus délicates n'ont rien accusé de semblable dans le passage des rayons solaires.

LA LUNE ☽.

La lune, avons-nous vu, n'est que la cinquantième partie du volume de la terre, et sa distance n'est que de 80,000 lieues; de sorte qu'avec un instrument qui grossit ou rapproche mille fois, on la voit comme elle apparaîtrait à l'œil nu, si elle n'était éloignée que de quatre-vingts lieues.

Les mouvements de la lune sont très compliqués; et ils ont long-temps embarrassé les astronomes. Elle se meut dans une ellipse dont la terre occupe un des foyers, et qu'elle décrit en 29 jours 12^h 44′ 2″. Elle est ainsi emportée par la terre dans son mouvement autour du soleil, et tandis que celui-ci met une année à accomplir sa révolution, celle-là a déjà parcouru treize fois et demi la sienne. Elle tourne sur son axe précisément dans le même temps qu'elle exécute sa révolution autour de la terre; c'est pourquoi elle nous présente toujours le même côté.

C'est de la combinaison de ces mouvements divers que naissent les phases, c'est-à-dire les différents aspects sous lesquels nous voyons cet astre aux diverses périodes de son cours. Ainsi soit, fig. 3, pl. 2, S le soleil et T la terre, voyons sous quelle apparence la lune se présentera. Quand elle sera en A, en conjonction avec le soleil, elle présentera à la terre sa moitié non éclairée, et paraîtra obscure comme on le voit en *a*. Arrivée en B, après avoir parcouru la huitième partie de son orbite depuis la conjonction, elle présentera à la terre le quart de sa partie éclairée, et se verra sous l'aspect qu'elle a en *b*. En C elle aura décrit le quart de son orbite et montrera moitié de sa partie éclairée, comme en *c*. En D, elle montrera plus de moitié de sa face lumineuse, comme en *d*, et elle la montrera tout entière en E, comme on le voit en *e*. À partir de E, commencera son déclin, et elle présentera les mêmes phénomènes, mais dans un sens inverse, comme le montre la figure dont le cercle intérieur fait voir la lune telle qu'elle se présente à un spectateur placé dans le soleil, et le cercle extérieur telle qu'elle est vue de la terre.

Telles sont les diverses phases que la lune parcourt dans l'espace de 29 jours et demi. Quand elle est pleine, c'est-à-dire quand elle présente à la terre toute sa face éclairée, on dit qu'elle est en *opposition* avec le soleil ; quand elle est nouvelle, c'est-à-dire quand elle présente sa face obscure, et qu'elle est invisible par conséquent, on la dit en *conjonction*. Ces deux positions s'appellent les *syzygies*. C'est alors qu'ont lieu les éclipses de lune et de soleil, ainsi que nous le verrons plus tard. Enfin la lune est à son premier ou à son dernier quartier, quand elle nous fait voir moitié de sa partie éclairée, et ces positions ont reçu le nom de *quadratures*, comme on appelle *octans* les points intermédiaires entre les quadratures et les syzygies.

Le mouvement de la lune est beaucoup plus rapide que celui du soleil. En effet, celui-ci ne s'avance que d'un degré par jour, tandis que la vitesse de la lune est environ treize fois plus rapide, d'où son retour au méridien est retardé chaque jour de 48′ 46″. C'est à la différence de rapidité de ces mouvements qu'est dû le retour de la conjonction après 29 jours et demi.

Le plan de l'orbe de la lune est incliné sur l'écliptique d'une quantité moyenne de 5° 8′ 49″ ; les points d'intersections de ces plans s'appellent les *nœuds* ; l'un *ascendant* ♌, quand la lune s'é-

lève vers le pôle boréal ; l'autre *descendant* ☋ ,
quand elle s'abaisse vers le pôle austral.

Un fait incontestable , et qui repose sur l'observation la plus exacte , prouve que les nœuds
de la lune se meuvent vers l'occident , et parcourent ainsi l'écliptique en sens contraire du
mouvement apparent du soleil , ou dans le sens
du mouvement diurne d'orient en occident.
Chaque année ils ont décrit environ 19° un tiers,
ce qui fait 1° tous les dix-neuf jours ; ou 1° 28′
par mois lunaire périodique , ou enfin une
révolution entière du ciel tous les dix-huit ans
et demi ; plus exactement les nœuds rétrogradent de 19° 3286 par an , et parcourent
l'écliptique en 6788 jours 54019. On trouve
aussi que le temps de la *révolution synodique
du nœud* est de 346 jours 61963 , c'est-à-dire
qu'après cet intervalle de temps le soleil se
trouve au nœud de la lune. Comme le soleil se
meut en sens contraire du nœud , ils se rejoi-
gnent un peu avant que cet astre ait accompli le
tour entier du ciel. Voilà pourquoi cette durée
est moindre que celle de l'année.

Nous avons dit que le mouvement de rotation
de la lune s'exécutant dans le même espace de
temps que son mouvement de révolution , elle
devait nous présenter et nous présentait effectivement toujours la même face. Cependant, nous

remarquons, par l'observation des taches, qu'elle nous montre quelquefois un peu plus, quelquefois un peu moins, d'un côté ou de l'autre, comme si elle avait un léger balancement. C'est ce qu'on appele sa *libration*, expression qui peint bien les apparences qu'on observe, mais qu'on ne doit point prendre au positif, car cette oscillation apparente n'est que le résultat d'une illusion d'optique.

En effet, le mouvement de la lune dans son orbite varie selon qu'elle s'approche ou s'éloigne de la terre, tandis que son mouvement de rotation est toujours uniforme. Il en résulte que durant les moments d'accélération, elle montre à l'orient quelques parties de sa surface qu'on ne voyait point d'abord, tandis que les points correspondants de l'occident disparaissent : le phénomène inverse se produit pendant le retard. C'est ce qu'on nomme la *libration en longitude*.

La *libration en latitude* provient de ce que l'axe de rotation de la lune est incliné sur son orbite, et de ce que cet axe conserve son parallélisme : d'où il suit que la lune tourne alternativement vers nous chacun de ses pôles, et laisse voir ainsi les taches qui s'y trouvent.

Enfin la *libration diurne* vient de ce que la lune tournant constamment son même hémisphère vers le centre de la terre, l'observateur qui n'y est pas placé, aperçoit, quand l'astre est à l'horizon, quelques parties de plus d'un côté et les parties correspondantes de moins du côté opposé.

———

Constitution physique de la lune.

Le phénomène des phases nous a prouvé que la lune n'est point, comme le soleil, lumineuse par elle-même, mais que c'est un corps opaque, qui réfléchit une lumière empruntée. Quant à la faible clarté qu'on aperçoit sur la partie non éclairée de son disque, elle provient des rayons lumineux que la terre lui lance par voie de réflexion, et elle a reçu le nom de *lumière cendrée*.

Lorsqu'on observe à l'œil nu le disque de la lune, on y remarque une foule d'irrégularités. Mais lorsqu'on dirige vers cet astre un fort télescope, on distingue, dans la partie qui n'est pas encore éclairée par le soleil, dans les premiers temps de son cours, une grande quantité de points lumineux qui s'agrandissent à mesure que les rayons du soleil arrivent plus directement sur la face qu'ils occupent. Derrière les points lumineux se projette une ombre épaisse et qui tourne de manière à se trouver toujours en opposition avec le soleil. Ces points brillants sont les sommités de hautes montagnes, qui reçoivent les rayons du soleil avant les parties moins élevées, et les points obscurs où l'ombre va se réfugier sont des cavités, des vallées qui affectent presque toutes la forme des cratères. La géométrie à donné les moyens de mesurer la hauteur de ces montagnes; elles sont très élevées pour la lune, mais elles le sont moins que les pics de l'Hymalaya. L'ombre qu'elles projettent avait déjà permis d'en mesurer la hauteur, ainsi que la profondeur des vallées. C'est encore à la présence de ces aspérités que sont dues les dentelures qui se montrent quelquefois sur les bords du disque, le soleil éclairant leur sommité avant d'atteindre leurs bases.

La lune n'a pas d'atmosphère, ou du moins, si elle en a une, elle est si rare qu'elle ne diffère pas assez sensiblement du vide, pour opérer la réfraction des rayons lumineux. C'est ce que démontrent les immersions des étoiles : celles-ci, en effet, restent invisibles, exactement le temps qu'elles doivent l'être, ce qui ne serait pas, si la lune avait une atmosphère qui réfractât les rayons qui nous viennent de ces astres.

L'axe de la lune étant presque perpendiculaire à l'écliptique, le soleil ne sort jamais sensiblement de son équateur; d'où il suit que la lune ne jouit pas de la variété des saisons. Mais comme

*

elle ne tourne sur son axe qu'une seule fois pendant son mouvement de révolution, chacun de ses jours et chacune de ses nuits sont de 15 fois 24 de nos heures : et ce qu'il y a de singulier, c'est qu'une de ses moitiés est éclairée par la terre pendant l'absence du soleil, et n'a pas de nuit, tandis que l'autre en a une de 15 jours.

La Grange a cherché à expliquer pour quelle cause le mouvement de rotation et le mouvement de révolution de la lune sont isochrones. Il a supposé, et il a étendu cette supposition à tous les autres satellites, que la face de la lune qui est tournée contre nous est très allongée, comparativement à l'autre, et que c'est l'excès de son poids qui la fait toujours tendre vers la terre, pour obéir à l'attraction exercée par celle-ci.

La terre doit paraître aux habitants de la lune treize fois plus grande que la lune ne nous paraît à nous-mêmes. Elle doit leur présenter des phases très régulières, ainsi que le montre la fig. 3, pl. 2 ; et toujours invisible pour une moitié de la lune, elle est constamment aperçue par le milieu de l'autre moitié.

Pendant que la terre tourne sur son axe, l'aspect qu'elle présente à la lune doit être très varié. Les mers, les continents, les forêts, les îles doivent apparaître comme autant de taches de grandeur et d'éclat différents, et l'atmosphère avec ses nuages doit encore apporter à ces teintes des modifications continuelles.

Nous avons déjà dit que le soleil est constamment dans l'équateur de la lune ; il en résulte que les habitants de ce satellite n'ont pas les mêmes moyens que nous de calculer le temps ; en effet, nous mesurons l'année par le retour des équinoxes, et leurs jours sont toujours égaux. Du reste ils pourraient la mesurer en observant nos pôles, qu'ils voient parfaitement, et dont l'un commence à être éclairé et l'autre à disparaître toutes les fois que nos équinoxes reviennent.

On a cherché quelles sont les propriétés des rayons lumineux qui nous viennent de la lune ; mais les expériences les plus délicates n'ont pu faire découvrir dans cette lumière ni propriétés caloriques, ni propriétés chimiques. En effet, concentrée au foyer des plus larges miroirs, elle ne produit aucun effet calorifique sensible. Pour faire cette expérience, on a pris un tube recourbé, dont les extrémités sont terminées par deux boules remplies d'air, l'une diaphane et l'autre noircie, le milieu étant occupé par un liquide coloré. Dans cet instrument, lorsqu'il y a absorption de chaleur, la boule noire en absorbe plus que l'autre, et l'air qu'elle renferme augmentant d'élasticité, le liquide est refoulé. Cet instrument est si délicat qu'il accuse jusqu'à un millième de degré, et cependant, dans l'expérience citée, il n'a donné aucun résultat. La lumière réfléchie par la lune n'a donc pas de propriétés calorifiques sensibles. On a reconnu également qu'elle était dépourvue de propriétés chimiques ; on a exposé à son action de l'hydrochlorate d'argent, substance qui se noircit instantanément sous l'influence de la lumière solaire, et l'on n'a point obtenu de résultat.

Cependant la crédulité a attaché à la lumière de la lune une grande influence sur les produits de l'agriculture, et la lune rousse jouit encore dans nos campagnes d'une triste célébrité. C'est elle, dit-on, qui gèle les bourgeons encore tendres, et qui exerce sur toute la végétation qui commence une si fâcheuse influence. Il est facile de disculper la lune de ces méfaits, dont elle est bien innocente. Qu'est-ce en effet que la lune rousse ? C'est celle qui commence en avril et qui finit en mai, c'est-à-dire, à une saison de l'année où la température n'est souvent que de 4, 5 ou 6 degrés au-dessus de zéro. Or, l'on sait que les plantes perdent la nuit, par voie de rayonnement, une partie du calorique qu'elles ont reçu pendant le jour, et l'expérience prouve que cette déperdition peut aller jusqu'à 7 ou 8 degrés, lorsque le temps est serein, c'est-à-dire lorsqu'il n'y a pas de nuages pour neutraliser ce rayonnement : car les nuages rayonnent de leur côté vers la terre, et font en outre l'office d'écrans qui arrêtent le calorique et l'empêchent de s'échapper vers les hautes régions de l'atmosphère. La température des plantes, qui n'était que de 4 ou 5 degrés pendant le jour, pourra donc tomber ainsi, par l'effet du rayonnement, à plusieurs degrés au-dessous de zéro, et alors ces plantes se géleront. Mais comme ce grand rayonnement n'aura lieu que lorsque le ciel sera découvert, et par conséquent lorsqu'on verra la lune, on attribuera à l'influence de cet astre ce qui n'est qu'un effet régulier des variations de la température. Et comme si tout devait concourir à entretenir cette erreur, on s'y confirmera par le succès des précautions qu'on aura cru prendre contre la lune, et qu'on aura prises réellement contre les effets du rayonnement. Ainsi, les jardiniers, pour garantir, dans les cas dont nous parlons, les tendres bourgeons des rayons de la lune rousse, les couvrent de paille ou d'autres matières, qui formant écran, empêchent, comme tout-à-l'heure les nuages, le rayonnement de s'opérer, et préservent ainsi les plantes de la gelée.

Ce n'est pas d'aujourd'hui qu'on attribue à la

lune de funestes influences. Les anciens la signalaient déjà sous de semblables rapports, et Plutarque prétend que sa lumière putréfie les substances animales. Il est très vrai que si l'on place dans un lieu découvert deux morceaux de viande, par exemple, et que l'un d'eux soit exposé aux rayons de la lune, tandis que l'autre en sera garanti par un écran ou un couvercle, le premier sera beaucoup plus tôt atteint par la putréfaction que le second ; mais ici, comme dans le cas précédent, on attribue à la lune un effet qui ne vient pas d'elle, et ses rayons n'y sont pour rien. Si le morceau de viande découvert se putréfie plus tôt que l'autre, c'est que s'étant refroidi davantage par le rayonnement, il s'est chargé de plus d'humidité, et que l'eau est un principe de décomposition pour les substances animales, puisqu'on les sèche pour les conserver.

Une autre erreur non moins ancienne et non moins généralement répandue, est celle qui attribue aux phases de la lune, à ses passages par les divers quartiers, une influence sur les variations atmosphériques, sur les changements de temps. Cette erreur populaire, qu'on retrouve chez les plus anciens auteurs, ne repose sur aucun fondement. Car, outre qu'on ne voit pas par quelle action la lune pourrait produire de pareils résultats, les observations les plus exactes, faites sur une longue échelle, donnent un démenti formel à cette supposition. Les changements de temps ne sont pas plus fréquents aux passages de la lune d'un quartier à l'autre qu'à toute autre époque, au contraire, s'il y a quelque différence, imperceptible il est vrai, c'est en faveur des octans.

Quelle peut donc être la cause d'une erreur depuis si long-temps accréditée ? Probablement le défaut d'observations impartiales, la tendance involontaire de l'esprit humain à n'enregistrer que les faits favorables à ses opinions préconçues, sans tenir aucun compte de ceux qui militent contre elles. Ainsi, qu'un changement de temps arrive au renouvellement d'un quartier, on est frappé de cette coïncidence, on la remarque, et on laisse passer inaperçus vingt autres changements de quartiers qui ne sont accompagnés d'aucune variation dans l'atmosphère.

On a cité, en faveur de l'erreur que nous combattons, l'autorité de Théophraste, autorité qui, pour le dire en passant, n'est pas très grande en matière de sciences. Mais on aurait dû s'apercevoir que le passage qu'on rapporte implique contradiction. Que dit, en effet, Théophraste ? que la nouvelle lune amène le mauvais temps, la pleine lune le beau, et que le temps change à chaque quartier. Mais si, à la nouvelle lune, le temps est mauvais, il sera beau au second quartier, et par conséquent mauvais à la pleine lune, ce qui est contradictoire avec le passage cité.

Un savant moderne, qui a fait un livre destiné à soutenir les opinions populaires, a cherché à appuyer celle-ci sur des considérations scientifiques; mais il est tombé dans des erreurs grossières. Et s'il a obtenu les résultats qu'il cherchait, c'est qu'il s'y était pris de manière à ne pouvoir pas en obtenir d'autres, faisant concourir à ses observations un nombre de jours plus ou moins grand, selon qu'il avait besoin de plus ou moins de variations atmosphériques.

Enfin, on a demandé si les aérolithes ne pouvaient pas venir de la lune, et, entre autres considérations, l'on s'est appuyé, pour faire cette question, sur des observations qui tendraient à prouver que cet astre possède beaucoup de volcans. Nous ferons remarquer d'abord que la présence, à des intervalles de temps différents, sur la surface obscure de la lune, de points brillants par eux-mêmes, et la forme de cratères qu'affectent presque toutes les cavités observées, ne suffisent pas pour faire admettre l'existence de volcans dans la lune. Il est très vrai, du reste, que, l'existence de ces volcans admise, des pierres pourraient être lancées par eux avec une force suffisante pour sortir de la sphère d'activité de la lune. On a calculé qu'il ne leur faudrait, pour cela, qu'une vitesse égale à cinq fois et demi celle d'un boulet de canon, et nos volcans ont quelquefois lancé des rochers qui ont dû sortir de la bouche du cratère avec une vitesse plus grande, pour parcourir la distance à laquelle ils sont allés tomber. Nous allons au surplus passer en revue les différentes hypothèses par lesquelles on a cherché à expliquer cet étonnant phénomène.

Et d'abord énumérons les circonstances générales que l'observation a fait connaître relativement aux pierres météoriques, et à l'explication desquelles les hypothèses doivent satisfaire, pour être admissibles.

Les aérolithes sont ordinairement amenés par un météore igné de l'espèce de ceux qu'on nomme *bolides* ou globes de feu. Ils sont tous composés des mêmes principes chimiques, à peu près dans les mêmes proportions. On y trouve beaucoup de silice de fer, de la magnésie, du souffre, du nickel, du manganèse et du chrôme. Il en est tombé à Alais en Languedoc qui renfermaient de plus une petite quantité de charbon ; mais peut-être ceux qui sont tombés ailleurs en contenaient-ils aussi, qu'ils auront

10

perdu en traversant l'atmosphère ; car ces pier-res éprouvent dans ce trajet un degré de cha-leur tel , qu'une grande partie des principes volatils qui peuvent entrer dans leur composi-tion primitive, doit s'évaporer. Une remarque importante à faire, c'est que le fer et le nickel y sont à l'état métallique, ce qui n'a lieu dans aucune des agrégations minérales que l'on trouve à la surface de la terre. Il est certain, d'ailleurs, que ces pierres elles-mêmes ne se rencontrent naturellement nulle part à la sur-face du globe. Toutes celles qu'on connaît sont tombées des airs.

Voilà les faits : pour les expliquer on a pro-posé plusieurs systèmes qui peuvent se réduire aux trois hypothèses suivantes :

1° On a d'abord supposé que les aérolithes étaient, comme la pluie et la grêle, de véritables météores qui se formaient par voie d'agréga-tion dans l'atmosphère.

2° Chladni a pensé que c'étaient des frag-ments de planètes, ou même de petites planètes qui, en circulant dans l'espace , entraient dans l'atmosphère terrestre, et perdant graduellement leur vitesse par la résistance de l'air, venaient enfin tomber à la surface de la terre.

3° Enfin, l'auteur de la Mécanique céleste a fait remarquer que les aérolithes pourraient en-

core tirer leur origine des éruptions de quelque
volcan lunaire qui les lancerait à une assez
grande distance de la lune, pour qu'elles devins-
sent comme un nouveau satellite de la terre,
mais un satellite qui, ayant beaucoup moins de
masse, serait sujet à de plus grandes perturbations. Si, après avoir circulé plus ou moins long-
temps dans l'espace, ce petit corps vient à être
amené dans le rayon de l'atmosphère de la terre,
sa vitesse doit s'anéantir, comme dans l'hypothèse précédente, et il doit finir par tomber.

De ces trois hypothèses, la première, qui paraît au premier coup d'œil la plus simple et la
plus naturelle, est cependant la plus invrai-
semblable : elle ne soutient même pas l'examen.

En effet, pour que les aérolithes pussent se
former par agrégation dans l'atmosphère, il
faudrait que leurs éléments constitutifs s'y rencontrassent. Si l'eau et la grêle se forment dans
l'air, c'est qu'il y a toujours dans l'air des vapeurs
aqueuses, et que le froid suffit pour les conden-
ser. Mais l'analyse la plus exacte ne découvre
dans l'atmosphère aucun des principes constituants des pierres météoriques. On n'y trouve
ni souffre, ni manganèse, ni silice, ni nickel, ni
fer. Il n'y a même aucune preuve que l'oxygène
et l'azote, principes constituants de l'air atmosphériques, puissent dissoudre de pareilles sub-

stances. Ici vient une objection. Toutes ces analyses, dit-on, sont faites sur de l'air pris à la surface de la terre. Mais qui sait si, dans les hautes régions, il n'y a pas des gaz capables de tenir en dissolution les métaux et les terres dont les aérolithes sont formés? A cela on répond, qu'on a soumis à l'analyse de l'air pris aux plus grandes hauteurs auxquelles l'homme se soit élevé, et que la composition s'en est trouvée absolument la même que celle de l'air pris à la surface de la terre : résultat qu'il était du reste facile de prévoir, puisque c'est une loi générale de la statistique des gaz qu'ils s'étendent avec le temps dans tout l'espace qui leur est ouvert, et que, lorsqu'on en superpose plusieurs de nature ou de pesanteur diverses, ils finissent par se mêler de manière à former un composé partout homogène. Si donc il existait, dans les hautes régions de l'atmosphère, des gaz capables de tenir en dissolution des matières terrestres ou métalliques, nous en verrions nécessairement quelque chose à la surface de la terre, et puisqu'il n'en est rien, c'est que l'objection que nous combattons manque de fondement.

A cette première impossibilité s'en joignent plusieurs autres. Quand il serait admis que les principes constituants des aérolithes existent réellement dans l'atmosphère, à toutes hauteurs, et que, s'ils échappent à l'analyse, c'est qu'ils y sont en trop petite quantité; encore faudrait-il expliquer, avec des éléments si faibles et si disséminés, une précipitation subite et donnant des pierres de plusieurs quintaux, telles que celle que l'on conserve à Ensisheim en Alsace, ou 3 à 4,000 pierres de grosseurs diverses, comme celles qui ont été détachées et lancées par le météore de Laigle. Il faudrait assigner la cause qui réunit les globules épars, pour en former une masse unique. Ce n'est pas l'affinité, car les éléments qui composent les aérolithes ne s'y trouvent pas combinés, mais simplement agglomérés et retenus ensemble par juxta-position. Et cependant s'ils ne sont soumis à l'action d'aucune force, ces petits globules doivent tomber isolément à mesure qu'ils se forment. En vain objecterait-on qu'ils peuvent être soutenus plus ou moins longtemps par quelque cause analogue à celle qui, selon l'ingénieuse opinion de Volta, balance les grêlons entre deux nuages, de manière à leur donner le temps de grossir par l'addition successive de nouvelles couches de glace. Toujours est-il qu'on n'a jamais vu ce volume s'élever à plusieurs quintaux, quoique l'eau qui forme les éléments de la grêle soit bien plus abondante dans l'air que ne sont supposés l'être les éléments qui forment les aérolithes. D'ailleurs, dans l'opinion de Volta, la suspension des grêlons dans l'atmosphère est attribuée aux actions réciproques de nuages électriques, cause qui ne peut s'adapter également à la formation des aérolithes, puisque les météores qui les amènent éclatent quelquefois par le temps le plus serein. Enfin, si les aérolithes se formaient dans l'atmosphère comme la pluie et la grêle, ils obéiraient comme elle à l'action de la pesanteur, et tomberaient sur la terre en ligne droite, ou du moins sans autre déviation que celle que leur imprimeraient les vents. Mais il n'en est point ainsi. Les aérolithes ont, dans leur chute, une vitesse de translation horizontale très grande, et quelquefois comparable à celle qui fait circuler la terre dans son orbite. Ce caractère suffirait seul pour exclure complétement la possibilité de la formation des pierres météoriques dans l'atmosphère, quand les considérations chimiques que nous avons développées ne nous auraient pas déjà conduits à l'écarter.

La seconde hypothèse que l'on a formée sur l'origine de ces masses est beaucoup plus vraisemblable. On a découvert récemment de si petites planètes que l'on ne doit pas répugner à admettre comme possible qu'il en existe de plus petites encore, et telles que nos météores pierreux puissent en résulter. Ces petites planètes

entrant dans l'atmosphère de la terre, et y perdant peu à peu leur mouvement propre, fini-
raient par tomber à sa surface ; mais cela ne
pourrait arriver sans une compression considérable de l'air au-devant du mobile, pression
qui pourrait, sans aucun doute, être assez forte
pour dégager une quantité de chaleur telle que
la masse pierreuse s'en échauffât beaucoup, et
que les principes volatils qu'elle renferme, pussent s'enflammer et s'embraser. Cette hypothèse représente donc parfaitement toutes les
circonstances de la chute des pierres météoriques ; mais elle n'explique en aucune manière
leur identité de composition, ou du moins elle ne
pourrait l'expliquer qu'en supposant que toutes
les planètes, assez petites pour former des aérolithes, sont absolument de même nature et composées des mêmes éléments, dans les mêmes
proportions ; supposition que l'observation dé-
ment pour la terre, et qui, étendue aux autres
corps célestes devient, si l'on considère la généralité de leur nature, excessivement invraisem-
blable.

Au contraire, cette identité de composition
chimique trouve merveilleusement son explication dans la dernière hypothèse, qui fait venir
ces pierres d'un volcan de la lune ; car alors il
suffit de supposer, ou que les volcans lunaires ne

lancent que de telles matières, ou qu'elles sont
particulières à un d'entre eux qui peut seul les
lancer assez fort pour en faire des satellites de la
terre, et ce degré de force que le calcul a évalué,
est, comme nous l'avons vu, très peu considérable, parce que la lune n'est pas entourée d'une
atmosphère résistante. Mais, nous l'avons dit en
commençant, si l'existence des volcans lunaires
est rendue vraisemblable par les observations
astronomiques, elle n'est point encore constatée.
Du reste, ces volcans admis, l'explication du
phénomène n'est plus qu'une affaire de mécanique rigoureuse. On peut concevoir entre la
terre et la lune une certaine surface qui limite
les parties de l'espace où chacun de ces corps
attire davantage. Cette limite sera plus rapprochée de la lune que de la terre, parce que la
masse de la lune est beaucoup moindre. Une
fois que la pierre lancée par le volcan lunaire
est arrivée au-delà de cette limite, ce qui peut
avoir lieu dans une infinité de directions, elle
devient un satellite de la terre, mais un satellite
qui éprouve des perturbations énormes à cause
de la petitesse de sa masse, comparativement à
celles de la terre, de la lune et du soleil par lesquels il est attiré. Que la suite de ces perturbations vienne une fois à l'engager dans l'atmosphère terrestre, la résistance de cette atmo-

sphère usera bientôt sa vitesse propre, et il finira par tomber à la surface de la terre, comme dans le cas précédent.

Nous sommes ainsi amenés à voir que l'hypothèse qui fait venir les aérolithes des volcans de la lune est la plus vraisemblable de toutes , et jusqu'à présent la seule qui satisfasse complétement aux phénomènes observés ; mais nous le répétons, ce n'est encore qu'une simple hypothèse, et l'existence des volcans lunaires n'est nullement démontrée.

SIXIÈME LEÇON.

DES PLANÈTES.

MERCURE ☿.

Mercure est la planète la plus rapprochée du soleil. Elle se voit le soir, après le coucher de cet astre, dans la partie occidentale du ciel, sous la forme d'un disque petit, mais très brillant, qui, d'abord difficile à distinguer à cause de la lumière crépusculaire, devient de plus en plus visible à mesure qu'il s'éloigne, jusqu'à ce qu'enfin parvenu à une certaine distance, il semble demeurer quelque temps immobile. Cette première partie de son cours est directe comme celui des étoiles. Mais il ne tarde pas à revenir sur lui-même, et finit par disparaître entièrement. Bientôt après, il reparaît le matin à l'orient, quelque temps avant le lever du soleil, s'en éloigne de plus en plus, jusqu'à un point où il

reste de nouveau stationnaire, pour revenir ensuite se plonger dans les rayons du soleil, et reparaître de nouveau après son coucher.

Le peu de durée de son apparition provient
de son voisinage du soleil, dont il ne paraît
s'écarter que de 16° à 29°; sa distance à cet astre
est de 13,361,000 lieues. Son diamètre apparent
est d'environ 7″, et son diamètre réel à peu
près les 2/5 de celui de la terre. Il tourne sur
son axe en 24^h 5′ 3″, et met 87^j 23^h 25′ 44″ à
parcourir son orbite, avec une vistesse de 40,000
lieues par heure. Cette orbite, qui demeure toujours enfermée dans celle de la terre, forme
une ellipse très excentrique, très inclinée au
plan de l'équateur de la planète, et faisant avec
le plan de l'écliptique un angle d'environ 7°.

Lorsque Mercure, dans son mouvement rétrograde, se plonge dans les rayons du soleil, il arrive quelquefois qu'on le voit parcourant, sous
la forme d'une petite tache noire, le disque du
soleil. C'est bien lui, car la position, le diamètre
et le mouvement sont les mêmes. C'est ce qu'on
appelle les passages de Mercure. Ils n'ont pas
lieu pour nous à toutes ses révolutions, à cause
de l'inclinaison de son orbite sur le plan de
l'écliptique, et nous ne pouvons voir la planète
sur le disque du soleil, que lorsqu'elle est à son
point d'intersection avec l'écliptique, et que la

ligne qui joint son centre à celui du soleil passe également par le centre de la terre. Mais la petitesse de cette planète, sa distance de la terre et sa proximité du soleil, nous empêchent souvent d'être témoins de ses passages, qui arrivent régulièrement après des périodes de 6, 7, 13, 46 et 263 ans.

Constitution physique de Mercure.

Mercure est d'une forme parfaitement sphérique. Comme toutes les planètes, il emprunte sa lumière du soleil. C'est ce que prouvent et ses passages sur le disque de cet astre, passages pendant lesquels il apparaît sous la forme d'une tache obscure, et l'observation des phases qu'il présente et qu'on peut suivre, comme celles de la lune, avec le secours d'un télescope.

L'emploi de cet instrument a fait aussi reconnaître que l'une des extrémités de son croissant est tronquée. C'est cette troncature qui a fourni le moyen de déterminer la durée de son mouvement de rotation, car son disque ne présente aucune tache. Elle est un effet des aspérités dont sa surface est sans doute hérissée, et qui nous masquent, dans une position donnée, quelques-uns des points éclairés par le soleil.

On croit que Mercure est enveloppé d'une atmosphère extrêmement dense. Son mouvement de translation dans l'espace est plus rapide que celui des autres planètes, parce qu'il est plus voisin du soleil. Cet astre lui apparaît trois fois aussi grand que nous le voyons ; et Newton a calculé qu'il lui envoie une chaleur sept fois plus considérable que celle de notre zone torride. Mais il ne faut pas s'empresser de conclure que cette planète éprouve réellement une température aussi élevée : nous ne sommes pas encore assez instruits des causes productrices de la chaleur, pour être en droit de tirer cette conséquence, et il pourrrait bien se faire que l'action des rayons lumineux fût modifiée par la nature des éléments constitutifs des différentes planètes.

VÉNUS ♀.

Vénus est la plus belle de toutes les étoiles : c'est pourquoi elle a reçu le nom qu'elle porte. Comme Mercure, elle se montre tantôt le matin, tantôt le soir, et on l'appelle l'étoile du soir ou l'étoile du matin, selon qu'on l'aperçoit après le coucher ou avant le lever du soleil. Quelques jours après sa conjonction avec cet astre, on la voit d'abord le matin, à l'ouest du soleil, sous la forme d'un beau croissant, dont la convexité est tournée vers lui. Elle se dirige à l'ouest, et à mesure qu'elle avance, son mouvement se ralentit et son croissant augmente, jusqu'à ce qu'enfin elle arrive en un point où elle s'arrête quelque temps; elle forme alors un demi-cercle. Ensuite elle reprend sa course vers l'est, avec une rapidité graduellement accélérée, jusqu'à ce qu'elle ait atteint le soleil. Quelque temps après on la voit, le soir, à l'est de cet astre, tout-à-fait ronde, mais très petite; elle continue sa marche à l'est, augmentant en diamètre; mais perdant de sa rondeur, jusqu'à ce qu'elle soit redevenue en demi-cercle. Enfin elle se dirige de nouveau vers l'ouest, augmentant toujours en diamètre, et dessinant un croissant de décours, puis elle finit par revenir en conjonction avec le soleil.

Comme celle de Mercure, la distance de Vénus à la terre est très variable, ainsi que l'indiquent les variations apparentes de la grandeur de leurs diamètres. Sa distance moyenne du soleil est de 25,000,000 de lieues; son diamètre apparent varie de 30" à 184". Sa rotation sur son axe s'accomplit en 23^h 21' 19", et la durée de sa révolution autour du soleil est de 224^j 16^h 49'. Son orbite est inclinée de 3° 24' sur l'écliptique, et reste toujours renfermée dans l'orbe de la terre.

Vénus a, comme Mercure, des passages sur

le disque du soleil, et, comme lui, elle se dessine alors sous la forme d'une tache. Ces phénomènes sont très rares, et les astronomes en profitent pour mesurer sa distance avec précision. Nous avons vu ailleurs comment on a obtenu, au moyen de ces passages, la parallaxe du soleil à un dixième de seconde près.

Constitution physique de Vénus.

Lorsque cette planète se projette sur le disque du soleil, elle s'y dessine sous la forme d'une petite tache ronde et noire. Sa figure est donc sphérique, et sa lumière empruntée du soleil, comme nous étions déjà autorisés à le conclure du phénomène de ses phases.

La durée de son mouvement de rotation a été déterminée, comme pour Mercure, par l'observation des aspérités qu'elle porte à sa surface, et qui, interceptant la lumière qu'elle réfléchit, donnent une forme tronquée aux cornes de son croissant. Il a suffi pour cela de calculer l'intervalle qui s'écoule entre deux retours de la troncature observée. Cette planète est enveloppée d'une atmosphère : un astronome allemand l'avait reconnu en calculant la loi de la dégradation de la lumière, et il est constant que sa partie éclairée est plus grande qu'elle ne devrait l'être, s'il n'y avait là un effet de réfraction.

Quoique à peu près aussi grande que la terre Vénus se meut avec plus de rapidité, parce qu'elle est plus voisine du soleil. Cet astre lui apparaît presque deux fois aussi grand qu'à la terre, et Mercure est son étoile du matin et du soir, comme elle l'est elle-même pour nous.

L'axe de Vénus est inclinée sur son orbite de 75°, c'est-à-dire de 51° 1/2, de plus que l'axe de la terre sur l'écliptique. Le pôle nord de son axe incline vers le 20ᵉ degré du Verseau, en partant du cancer de la terre. Conséquemment la région nord de Vénus a l'été dans les signes où nous avons l'hiver, et réciproquement. Comme la plus grande déclinaison du soleil de chaque côté de son équateur va à 75°, ses tropiques sont à 15° de ses pôles, et ses cercles polaires aussi loin de l'équateur. Elle a donc à son équateur deux étés et deux hivers dans chacune de ses révolutions annuelles.

On a fait beaucoup d'observations pour reconnaître si Mercure et Vénus avaient des satellites ; on n'en a pas aperçu. Ce n'est en effet qu'aux planètes supérieures qu'ils paraissent avoir été donnés.

PLANÈTES SUPÉRIEURES

Les deux planètes dont nous venons de traiter ont été appelées planètes inférieures, parce qu'elles sont, comme nous l'avons dit précédemment, moins éloignées du soleil que la terre ; celles dont nous allons maintenant nous occuper ont été nommées, par opposition, planètes supérieures, par ce que la terre est plus voisine qu'elles du soleil.

MARS ♂.

Cette planète vient immédiatement après notre globe, dans la proportion des distances au soleil. Elle paraît se mouvoir de l'ouest à l'est autour de la terre, mais son mouvement offre beaucoup d'irrégularités. Le matin, quand elle commence à se séparer du soleil, sa marche est très rapide ; mais cette rapidité s'affaiblit graduellement, et cesse tout-à-fait à environ 137°. La planète reprend ensuite un mouvement direct, qui la porte en opposition avec le soleil. Sa rapidité diminue de nouveau progressivement, et elle semble rétrograder jusqu'à ce qu'elle ait dépassé l'astre de 137°. Alors le mouvement redevient direct, et la planète va se plonger dans les rayons du soleil.

La distance moyenne de Mars au soleil est de 52,613,000 lieues. Comme sa distance à la terre est très variable, cette variation se manifeste par les dimensions apparentes de son diamètre, qui est quelquefois de 18°, et d'autres fois de 90°. L'observation des taches que présente son disque a fait reconnaître que Mars tourne sur lui-même en 24^h 31′ 22″. Il se meut dans une ellipse très excentrique, qu'il met 686^j 23^h 30′ 42″,4 à parcourir. Son axe est incliné sur son orbite de 61° 33′, et son orbite l'est sur l'écliptique de 1° 51′ 1″; son diamètre équatorial est à son diamètre polaire dans la proportion de 16 à 15.

Mars éprouve, en parcourant son orbite, de grandes variations de distances : il se montre tantôt près, tantôt loin du soleil, quelquefois il se lève quand cet astre se couche, et se couche quand il se lève; sa distance à la terre varie aussi prodigieusement, moins forte dans les oppositions, et plus grande dans les conjonctions. Comme Mercure et Vénus, il offre le phénomène des phases, sans éprouver, comme ces deux planètes, une troncature de son croissant.

Constitution physique de Mars.

Observée au télescope, cette planète présente un disque arrondi, et qui n'étant jamais échancré, semble moins hérissé d'aspérités. Ses phases font voir qu'elle n'est pas lumineuse par elle-même. On aperçoit sur sa surface des taches de nuances diverses, au moyen desquelles on a déterminé la durée de son mouvement de rotation. La lumière que Mars réfléchit est d'un rouge obscur, apparence qu'on attribue à l'atmosphère dont il est enveloppé, et qui est si haute et si dense, que lorsqu'il s'approche de quelque étoile fixe, celle-ci change de couleur, s'obscurcit et disparaît souvent, quoiqu'à quelque distance du corps de la planète.

Outre les taches qui ont servi à déterminer le mouvement de rotation de Mars, plusieurs astronomes ont remarqué qu'un segment de son globe, vers le pôle sud, a un éclat si supérieur à celui du reste du disque, qu'il paraît comme le segment d'un globe plus considérable. Maraldi nous apprend que cette tache brillante a été observée, il y a soixante ans, et qu'elle était de toutes la plus permanente. Une partie de cette planète est plus brillante que le reste, la plus sombre est sujette à de grands changements et disparaît quelquefois. Un éclat semblable a souvent été observé au pôle nord. Ces observations ont été confirmées par Herschell, qui a examiné la planète avec des instruments mieux faits et plus forts que ceux qu'on avait employé jusqu'à lui. Suivant cet astronome, l'analogie qu'il y a entre Mars et Vénus est la plus grande que présente le système solaire. Les deux corps ont presque le même mouvement diurne. L'obliquité de leur écliptique ne présente pas de grandes différences. De toutes les planètes supérieures, Mars est celle dont la distance au soleil est la plus approchante de celle de la terre, et la longueur de son année ne paraît pas non plus beaucoup différer de la nôtre, quand on la compare à l'excessive durée de celles de Jupiter, de Saturne et d'Herschell. Puisque le globe que nous habitons a ses régions polaires glacées, et des montagnes couvertes de glaces et de neiges, qui ne fondent qu'en partie, quand elles sont alternativement exposées à l'action du soleil; on peut supposer que les mêmes causes produisent les mêmes effets sur Mars, que ses taches polaires resplendissantes sont dues à la vive réflexion qu'éprouve la lumière sur ces régions glacées, et que la diminution de ces taches, lorsqu'elles sont exposées aux rayons du soleil, est un effet de l'influence de cet astre. La tache du pôle sud était extrêmement grande en 1781, ce qui devait être, puisque ce pôle sortait d'une nuit de douze mois, et avait été privé pendant tout ce temps de la chaleur du soleil : elle était plus petite en 1783, et diminua graduellement depuis le 20 mai jusqu'au milieu de septembre, qu'elle sembla devenir stationnaire. A cette époque, le pôle sud avait joui de huit mois d'été, pendant lesquels il avait constamment éprouvé l'influence des rayons solaires. Il est vrai qu'à la fin ils étaient tellement obliques, qu'ils ne pouvaient en exercer une bien considérable. D'un autre côté, le pôle nord, qui d'une exposition de douze mois au soleil, était tombé dans une obscurité profonde, paraissait peu considérable, quoiqu'il eût sans doute augmenté de volume. Il n'était pas visible en 1783, attendu la position de son axe, qui ne nous permettait pas de voir ce pôle.

Une autre considération vient encore confirmer l'hypothèse que les taches brillantes des pôles de Mars sont dues à la présence des glaces et des neiges, c'est que l'axe de cette planète étant incliné sur son orbite de 61° 33', les variations des saisons ne doivent pas être fort sensibles, et cette constance de chaque parallèle à conserver la même température est regardée comme favorable à la formation des glaces.

Le soleil ne dispense à Mars que le tiers envi-

rou de la lumière qu'il répand sur la terre,
aussi paraît-il singulier qu'il n'ait pas de lune
ou satellite. Toutefois cette circonstance peut
être compensée par la hauteur et la densité de
son atmosphère que nous avons vu être considérables.

DES QUATRE PLANÈTES TÉLESCOPIQUES.

Ces planètes, qui se placent, dans le système
solaire, entre Mars et Jupiter, sont dues aux découvertes modernes. Cette circonstance, jointe
à leur petitesse et à leur éloignement, fait
qu'elles sont encore fort peu connues.

JUNON ⚵.

Découverte par Harding le 1er septembre
1803, cette planète a, selon Schrœter, un
diamètre de 475 lieues. Elle emploie 4 ans et
128 jours à accomplir sa révolution autour du
soleil, dans une orbite inclinée sur l'écliptique de
31°,05, sa distance au soleil est de 92,000,000
de lieues environ.

CÉRÈS ♀.

Des quatre planètes télescopiques, Cérès fut découverte la première par Piazzy, le 1ᵉʳ janvier 1801. Son diamètre, de 50 lieues, selon Herschell, et de 475, selon Schrœter, n'est pas bien connu. Elle parcourt, dans l'espace de quatre ans et demi, sa révolution autour du soleil, dans une orbite dont le plan fait un angle de 10° 37′ 25″ avec celui de l'écliptique. Sa distance au soleil est d'environ 95,000,000 de lieues. Son apparence est celle d'une étoile nébuleuse, environnée de brouillards très variables, ce qui a donné lieu à Herschell de penser qu'elle a une atmosphère.

PALLAS ♀.

Elle fut trouvée par Olbers le 28 mars 1802. Schrœter lui donne un diamètre de 700 lieues, et Herschell de 50 lieues seulement. Son orbite, extrêmement allongée, est celle dont l'inclinaison sur l'écliptique est le plus considérable; elle est de 34° 37′ 30″. Elle la parcourt dans l'espace de 4 ans 7 mois et 11 jours. Sa distance au soleil est de 96,000,000 de lieues; elle a une couleur blanchâtre et paraît peu distincte, même avec un instrument puissant.

VESTA 🜨.

Vesta fut découverte par un des élèves d'Olbers le 29 mars 1807. Elle décrit, en 3 ans, 66 jours, 4 heures, son orbite, qui paraît fort irrégulière et qui s'incline sur l'écliptique de 7° 8'. Cette petite planète est fort peu connue. Observée par Herschell avec un instrument d'un pouvoir amplificatif puissant, elle ne donna pas l'apparence d'un disque, mais parut comme un point brillant. On la croit à 81,000,000 de lieues du soleil.

Quoiqu'on ne connaisse pas encore parfaitement les dimensions de ces quatre planètes, on peut dire cependant qu'elles sont extrêmement petites relativement à celles qui les avoisinent, et eu égard à la distance qui les sépare du soleil. Une autre anomalie qu'elles présentent, c'est qu'elles dévient beaucoup du zodiaque, ou chemin des planètes. Ces considérations ont fait émettre une opinion très hardie, savoir que ces quatre petites planètes pourraient bien n'être que les éclats d'une planète unique qui aurait existé entre Mars et Jupiter. Cette opinion acquiert un grand degré de probabilité, si, aux considérations qui précèdent, on ajoute que ces planètes ne sont pas rondes, ce qu'indique la diminution momentanée de leur lumière , lorsqu'elles présentent leurs faces angulaires, et que l'entrelacement de leurs orbites, qui les fait toutes revenir au même point , est conforme à ce qu'exigeraient les lois de la mécanique, dans l'hypothèse dont il s'agit. En effet , suivant ces lois , si une planète éclatait violemment, chacun de ses éclats , après avoir décrit une nouvelle orbite , viendrait passer par le point où aurait eu lieu l'explosion.

SEPTIÈME LEÇON.

JUPITER ♃ ET SES SATELLITES.

Jupiter est la plus grande des planètes et la plus brillante après Vénus. Elle est 1470 fois plus grosse que la terre ; et c'est à cause de la distance prodigieuse où elle se trouve, qu'elle nous paraît si petite. Son mouvement sur son axe est extrêmement rapide ; il s'accomplit en 9ʰ 56'. Quant à son mouvement de révolution, elle l'exécute en 4332ᵈ,596 ; dans une ellipse dont le plan est incliné sur celui de l'écliptique de 1°,46'. La distance à laquelle Jupiter est placé ne permet pas qu'on puisse voir les phases qu'il éprouve sans doute comme toutes les autres planètes.

Vu au télescope, Jupiter se montre escorté de quatre petits corps lumineux, qui circulent autour de lui, et qu'on nomme ses satellites. On les distingue par leur position, le premier

étant celui qui est le plus voisin de la planète.
Ils se meuvent dans des orbites qui sont à peu
près dans le plan de l'équateur,

Le 1er en	1^j	18^h	27$'$	35$''$
Le 2^e	3	13	13	42.
Le 3^e	7	3	42	33.
Le 4^e	16	16	32	8.

Les trois premiers se meuvent dans des plans
très peu différents, mais le quatrième est un
peu plus écarté. Leurs orbites sont à peu près
circulaires ; on n'a reconnu d'excentricité que
dans celles du troisième et du quatrième; l'orbite de ce dernier est surtout plus sensible.

Les mouvements des trois premiers sont liés
par de singuliers rapports. Le mouvement sidéral moyen du premier, ajouté à deux fois celui
du troisième, est constamment égal à trois fois
le mouvement moyen du second, et la longitude sidérale ou synodicale moyenne du premier, moins trois fois celle du second, plus deux
fois celle du troisième, est toujours égale à
deux angles droits.

Herschell, en examinant attentivement ces
satellites au télescope, s'est aperçu que l'intensité de leur lumière offrait des variations périodiques, et en calculant les époques auxquelles
leurs faces sont tournées vers nous, il a pu dé-

terminer la durée de leur révolution sur leur axe. Il a trouvé qu'ils tournaient toujours la même face vers Jupiter, et faisaient ainsi un seul tour entier sur leur axe, pendant qu'ils parcouraient leur orbite entière; ce qui confirme d'une manière évidente leur analogie avec la lune. Maraldi était déjà arrivé à la même conséquence pour le quatrième satellite, en suivant les retours d'une même tache observée sur son disque.

Quand les satellites de Jupiter viennent, en vertu de leur mouvement de révolution, se placer entre le soleil et lui, ils projettent sur la partie éclairée de son disque une ombre qui varie suivant la distance et la grosseur de chacun d'eux. C'est donc une éclipse partielle de cette planète. D'où la conséquence que ni Jupiter ni ses satellites ne sont lumineux par eux-mêmes.

Lors au contraire que leur mouvement porte les satellites derrière la planète, on les voit successivement disparaître : ce sont les éclipses des satellites. Les trois premiers s'éclipsent à chaque révolution, mais le quatrième a une orbite si fort inclinée, que, dans son opposition à Jupiter, il est deux années sur six sans tomber dans son ombre. On voit, par les rapports singuliers que nous avons signalés, que, pour un grand nombre d'années du moins, les trois premiers satellites ne peuvent être éclipsés à la fois; car dans les éclipses simultanées du second et du troisième, le premier est constamment en conjonction avec Jupiter et réciproquement.

On a remarqué que ces éclipses n'avaient jamais lieu d'orient en occident, mais lors de leur retour d'occident en orient. D'où la conséquence que les satellites circulent, comme toutes les planètes de notre système, d'occident en orient.

Ces éclipses des satellites de Jupiter ont fourni le moyen, ainsi que nous le verrons plus tard, de déterminer la vitesse de la lumière. Nous verrons aussi qu'elles sont d'une grande utilité aux marins pour déterminer leur longitude.

Constitution physique de Jupiter.

Nous avons vu que Jupiter, emprunte, ainsi que ses satellites, sa lumière du soleil. Quoique 1470 fois plus volumineux que la terre, sa densité n'est que le quart de celle de cette planète. Sa figure est celle d'un sphéroïde aplati sous les pôles. Cet aplatissement qui est de 1/14, est un effet de la rapidité de son mouvement de rotation, comme nous le démontrerons en parlant de la terre. Son axe étant presque perpendiculaire au plan de son orbite, le soleil est presque toujours dans le plan de son équateur, de manière que la variation des saisons est presque insensible, et que les nuits sont toujours à peu près égales aux jours.

Le soleil paraît à Jupiter cinq fois plus petit qu'à nous, et lui envoie vingt fois moins de chaleur et de lumière. Mais ses nuits sont fort courtes, et éclairées par quatre lunes brillantes, dont une au moins luit toujours.

Quand on observe Jupiter avec un bon télescope, on aperçoit une foule de zones ou bandes d'une couleur plus brune que le reste de son disque. Elles sont généralement parallèles à l'équateur, qui l'est pour ainsi dire lui-même à l'écliptique; mais elles sont, sous d'autres rapports, sujettes à de grandes variations. Quelquefois on n'en aperçoit qu'une; d'autres fois on en discerne jusqu'à huit. Tantôt elles ne sont pas parallèles entre elles, et sont d'une largeur variable. L'une se rétrécit souvent, pendant que celle qui l'avoisine se dilate; on dirait qu'elles se fondent ensemble. Le temps de leur durée varie: on en a vu garder trois mois la même forme, et de nouvelles se dessiner en une heure ou deux. La continuité de ces bandes est quelquefois interrompue, ce qui leur donne l'apparence d'une rupture. Les taches et les bandes qui furent observées le 7 avril 1792 sont représentées par la fig. 4, pl. 2. On les considère comme le corps de la planète, et les parties lumineuses, des nuages transportés par les vents avec des vitesses et dans des directions différentes.

SATURNE ♄, SON ANNEAU ET SES SATELLITES.

Observé à l'œil nu, Saturne se présente à nous sous l'apparence d'une étoile nébuleuse, d'une lumière terne et plombée, et comme son mouvement est fort lent, il se distingue à peine d'une étoile fixe. Il présente, parallèlement à son équateur, une série de bandes analogues à celles de Jupiter, quoique plus faibles, et c'est à l'aide de ces bandes que Herschell détermina son mouvement de rotation sur lui-même ; il l'exécute en 10 heures et demie. Il se meut à 329,000,000 de lieues du soleil, dans une orbite qu'il décrit en 29 ans, 5 mois, 14 jours, et dont l'inclinaison sur l'écliptique est de 2° ½. Cette planète est près de 900 fois plus grosse que la terre, et le soleil ne lui envoie que la huitième partie de la lumière qu'il dispense à notre planète.

Ainsi que Jupiter, Saturne a des satellites : on en compte sept ; six se meuvent à peu près dans le plan de l'équateur, mais le septième s'en écarte sensiblement, l'inclinaison de son orbe étant d'environ 30°. On a reconnu qu'il ne faisait qu'un tour sur lui-même pendant la durée de sa révolution, et si l'on n'a pu encore découvrir s'il en est de même pour les autres, l'analogie porte à le croire; car cette égalité de durée des mouvements de translation et de rotation paraît être la loi des planètes secondaires.

La durée de la révolution de chacun des satellites de Saturne offre d'assez grandes différences. Voici leurs périodes et leurs distances :

Le premier opère sa révolution moyenne sidérale dans l'espace de :

					l. du centre de Saturne.
	22ʰ 37′ 23″	à la dist. de	39,878		
Le 2ᵉ	1ʲ 8 53	9	51,165		
Le 3ᵉ	1 21 18 26		63,844		
Le 4ᵉ	2 17 44 51		81,140		
Le 5ᵉ	4 12 25 11		113,335		
Le 6ᵉ	15 22 41 14		262,086		
Le 7ᵉ	79 7 54 37		765,513		

Les satellites de Saturne ont de fréquentes éclipses, qui servent, comme celles des satellites de Jupiter, à déterminer la longitude; mais leur grand éloignement en rend l'observation plus difficile.

Saturne, déjà si remarquable par le nombre de ses satellites, l'est plus encore par l'anneau

dont il est enveloppé, fig. 5, pl. 2. C'est une
bande lumineuse, située dans le plan de l'équateur de la planète, à laquelle elle forme une
sorte de ceinture, mais dont elle est séparée par
une distance égale à sa largeur. Elle se présente
sous une forme elliptique plus ou moins allongée, suivant l'obliquité sous laquelle elle est vue,
et qui est due aux diverses inclinaisons que prend
le globe de Saturne, par rapport à nous, dans
son mouvement de translation. Quand l'anneau
affecte cette forme elliptique, ses extrémités,
du côté du plus grand axe, prennent le nom
d'*anses*; et l'on peut alors, quand l'obliquité
n'est pas trop grande, apercevoir les étoiles entre
sa planète et lui. Mais lorsque sa position est
telle que le prolongement de son plan passe par
le centre de la terre, il ne nous offre que son
bord, et alors l'angle qu'il soustend est si petit,
qu'il faut un instrument d'un pouvoir amplificatif très grand, pour le rendre visible. Il paraît
sous la forme d'un filet lumineux qui coupe le
disque de la planète.

Lorsqu'on emploie des lunettes puissantes,
on découvre sur la surface de l'anneau des lignes
noires concentriques, qui paraissent former plusieurs séparations; mais on distingue surtout
deux anneaux, dont Herschell a calculé les dimensions. Selon cet astronome, le diamètre in-

térieur du plus petit anneau serait de 48,782
lieues, et son diamètre extérieur de 61,464
lieues ; le diamètre intérieur du plus grand aurait pour longueur 63,416 lieues, et le diamètre
extérieur 68,294. Il y aurait donc, d'après cela,
entre Saturne et la circonférence interne de
l'anneau postérieur, une distance de 14,444
lieues.

Au moyen des taches de l'anneau, Herschell
a déterminé la durée de sa rotation sur son axe;
elle est de 10^h 29' 16''. Cet axe de rotation est
perpendiculaire à son plan, et est le même que
celui de Saturne.

La durée de cette rotation, qui paraît précisément celle d'un satellite qui aurait pour orbite
la circonférence moyenne de l'anneau, a servi
à M. Biot à expliquer comment l'anneau de Saturne peut se soutenir autour de cette planète
sans la toucher, ou du moins à rattacher ce fait
à la cause générale qui soutient ainsi tous les
satellites.

En effet, dit-il, on peut considérer chaque
particule de l'anneau comme un petit satellite
de Saturne, et l'anneau lui-même comme un
amas de satellites liés entre eux d'une manière
invariable. Si ces corps étaient libres et indé-
pendants les uns des autres, leur vitesse varie-
rait avec leur distance au centre de la planète;

les plus voisins de ce centre iraient plus vite ; .
les plus éloignés, plus lentement ; et, si l'on
prend pour terme moyen la vitesse qui convient
à la circonférence moyenne de l'anneau, les vitesses des autres particules s'en écarteraient, soit
en plus, soit en moins, d'une égale quantité.
Maintenant, si les particules viennent à s'unir
et à s'attacher les unes aux autres, pour former
un corps solide, il se fera une sorte de compen-
sation entre leurs mouvements ; les plus rapides
communiqueront une partie de leur vitesse aux
plus lentes, qui, à leur tour, communiqueront,
en échange, une partie de leur lenteur, et les
efforts opposés se faisant mutuellement équilibre, il ne restera que le mouvement moyen,
commun à toutes les particules, et qui sera celui
de la circonférence moyenne. Ces anneaux se
soutiendront autour de Saturne comme la lune
se soutient autour de la terre, ou comme feraient les arches d'un pont, si le foyer de la pesanteur était au centre des voussoirs.

Cette théorie subsisterait encore dans le cas où
l'anneau serait composé, comme il paraît l'être,
de plusieurs anneaux concentriques, et détachés
les uns des autres ; seulement il faudrait l'appli-
quer séparément à chacun deux, alors les durées
de leur rotation devraient être sensiblement différentes.

Quelquefois l'anneau de Saturne, se projetant sur le disque de cette planète, en cache une partie : d'autres fois c'est la planète, à son tour, qui dérobe par son ombre la vue d'une partie de l'anneau. Il suit de là que l'anneau est opaque comme la planète, et que la lumière de l'un et de l'autre est empruntée.

HERSCHELL OU URANUS ⛢ ET SES SATELLITES.

Cette planète est, de toutes, la plus éloignée du soleil, et son orbite enveloppe celle de toutes les autres. Située à plus de 662,000,000 de lieues, elle accomplit sa révolution en 84 ans. L'inclinaison de son orbite sur l'écliptique n'est que de 46' 26". La période de sa rotation diurne n'a pas été déterminée.

A peine visible à l'œil nu, elle offre au télescope une couleur blanc-bleuâtre. Son disque est bien terminé. Elle ne reçoit du soleil que la trois cent soixante-deuxième partie de la lumière que nous en tirons.

Quand on la découvrit, on la prit d'abord pour une comète ; mais sa proximité de l'écliptique la fit bientôt reconnaître pour une planète. Elle avait été regardée jusque là comme une étoile fixe.

Herschell, qui la reconnut pour une planète, lui découvrit aussi six satellites, qui circulent autour d'elle, à peu près dans le même plan. Voici les périodes de leurs révolutions et leurs distances.

Le premier achève sa révolution sidérale dans l'espace de

				à la dist. m. de
5^j 21^h 25′ 21″				à la dist. m. de 47,7181.
Le 2e en 8	16	57	47	96,940
Le 3e 10	23	3	59	129,572
Le 4e 13	10	56	30	129,572
Le 5e 38	1	48		259,162
Le 6e 107	16	39	56	518,254

Les tableaux suivants présenteront, sous un seul coup d'œil, toutes les circonstances de volume, de masse, de densité, de distance, de vitesse, d'inclinaison, etc., des planètes, relativement les unes aux autres.

DISTANCES DES PLANÈTES AU SOLEIL.

Mercure	13,361,000 de lieues.
Vénus	24,966,000 —
La Terre	34,515,000 —
Mars	52,390,000 —
Vesta	81,530,000 —

13

Junon	91,278,000 de lieues.
Cérès	95,532,000 —
Pallas	95,892,000 —
Jupiter.	179,575,000 —
Saturne	329,200,000 —
Uranus.	662,144,000 —

DIAMÈTRES DU SOLEIL ET DES PLANÈTES, CELUI DE LA TERRE ÉTANT 1.

Le Soleil	109,93
Mercure.	0,39
Vénus	0,97
La Terre	1,00
La Lune	0,27
Mars	0,52
Vesta.	
Junon	
Cérès.	inconnus.
Pallas.	
Jupiter	11,56
Saturne	9,61
Uranus	4,26

VOLUMES DU SOLEIL ET DES PLANÈTES, CELUI DE LA TERRE ÉTANT I.

Le Soleil 1,328,460
Mercure 0,1
Vénus 0,9
La Terre 1
La Lune 0,02
Mars. 0,2
Vesta . . . . ⎫
Junon . . . . ⎬ inconnus.
Cérès . . . . ⎪
Pallas . . . . ⎭
Jupiter 1470,2
Saturne 887,3
Uranus 77,5

MASSES DU SOLEIL ET DES PLANÈTES, CELLE DE LA TERRE ÉTANT I.

Le Soleil. 337,086
Mercure 0,1664
Vénus. 0,9452
La Terre. 1,
La Lune 0,017
Mars 0,1324

Vesta . . . . ⎫
Junon . . . . ⎬ inconnues.
Cérès . . . . ⎪
Palias . . . . ⎭
Jupiter 315,8926
Saturne 120,0782
Uranus 17,2829

DENSITÉS DU SOLEIL ET DES PLANÈTES, CELLE DE LA TERRE ÉTANT I.

Le Soleil 0,23624
Mercure 2,879646
Vénus 1,04701
La Terre I
La Lune 0,715076
Mars 0,930736
Vesta . . . . ⎫
Junon . . . . ⎬ inconnues.
Cérès . . . . ⎪
Pallas . . . . ⎭
Jupiter 0,24119
Saturne 0,095684
Uranus 0,020802

NOMBRE DE PIEDS, PAR SECONDE, QU'UN CORPS
PESANT PARCOURRAIT EN TOMBANT A LA SUR-
FACE DU SOLEIL ET DES PLANÈTES.

Le Soleil.	429
Mercure.	12
Vénus.	18
La Terre.	16
La Lune.	3
Vesta.	
Junon.	inconnus.
Cérès.	
Pallas.	
Jupiter.	42
Saturne.	15
Uranus	4,2

TEMPS DE ROTATION SUR L'AXE DU SOLEIL
ET DES PLANÈTES.

Le Soleil	25$_j$	12$_h$	0'	0"
Mercure.	1	0	4	0
Vénus	0	23	21	0
La Terre	1	0	0	0
La Lune	27	7	44	0
Mars.	1	0	39	22

Vesta				
Junon.				
Cérès	inconnus			
Pallas.				
Jupiter	0	9^h	56'	37''
Saturne	0	10	16	2
Uranus	inconnu.			

TEMPS DES RÉVOLUTIONS SIDÉRALES.

Mercure	87^j	23^h	14'	30''
Vénus	224	16	41	27
La Terre	365	5	48	49
Mars	686	22	18	27
Vesta	3 ans 66	4	0	0
Junon	4 128	0	0	0
Cérès	4 220	2	0	0
Pallas	4 220	16	0	0
Jupiter	11 315	12	30	0
Saturne	29 161	4	27	0
Uranus	83 29	8	39	0

PARALLAXES ANNUELLES.

Mercure	126°	14'
Vénus	139	9
La Lune	27	1

Mars.	18°	6'
Jupiter	9	50
Saturne	5	42
Uranus	2	55

INCLINAISON DE L'ORBITE SUR L'ÉCLIPTIQUE.

Mercure	7°	78'
Vénus	8	76
La Lune	5	71
Mars	1	85
Vesta	7	15
Junon.	31	05
Cérès	10	62
Pallas.	34	60
Jupiter	1	46
Saturne	2	77
Uranus	0	86

INCLINAISON DE L'AXE SUR L'ORBITE.

Le Soleil..	82°	50'
Mercure.	»	»
Vénus	»	»
La Terre	66	52
La Lune	88	50
Mars.	61	39

Vesta. . . . . ⎫
Junon. . . . . ⎪ inconnus.
Cérès. . . . . ⎬
Pallas. . . . . ⎭
Jupiter . . . . 89° 45'
Saturne. 60
Uranus . . . . » »

LIEUES PARCOURUES EN 1'.

Mercure. 635
Vénus 485
La Terre 412
La Lune . . . . 14 (rel. à la terre.)
Mars 329
Vesta . . . . »
Junon . . . . »
Cérès. . . . . »
Pallas . . . . »
Jupiter 178
Saturne. 132
Uranus 93

SATELLITES DE JUPITER.

Distances moyennes, le demi-diamètre de la planète étant 1.		Durées des Révolutions.	Masses des satellites, celle de la planète étant l'unité.
1er Satellite.	6,0485	1i,7691	0,000017
2e Satellite.	9,6235	3,5512	0,000023
3e Satellite.	15,3502	7,1546	0,000088
4e Satellite.	26,9983	16,6888	0,000043

SATELLITES DE SATURNE.

Distances moyennes, le demi-diamètre de la planète étant 1.		Durées des révolutions.
1er Satellite.	3,35	0j,943
2e Satellite.	4,30	1,370
3e Satellite. . . .	5,28	1,888
4e Satellite.	6,82	2,739
5e Satellite.	9,52	4,517
6e Satellite.	22,08	15,945
7e Satellite.	64,36	79,330

SATELLITES D'URANUS.

Distances moyennes, le demi-diamètre de la planète étant 1.	Durées des révolutions.
1ᵉʳ Satellite 13,12	5,893
2ᵉ Satellite 17,02	8,797
3ᵉ Satellite 19,85	10,961
4ᵉ Satellite 22,75	13,456
5ᵉ Satellite 45,51	38,075
6ᵉ Satellite 91,01	107,694

HUITIÈME LEÇON.

LOIS DE KÉPLER.

Nous nous sommes contentés, en traitant des planètes, de dire qu'elles décrivent autour du soleil des courbes elliptiques plus ou moins allongées ; mais nous n'avons point encore recherché les moyens de déterminer ces orbites ; nous n'en avons pas non plus étudié la nature.

Les courbes décrites par les planètes font toutes avec le plan de l'écliptique, un angle plus ou moins ouvert : elles le coupent toutes, par conséquent, en deux points exactement opposés, qui sont les nœuds. La ligne qui les joint est la ligne des nœuds. Cette ligne détermine la trace du plan de l'orbite sur l'écliptique:

Supposons maintenant qu'un observateur soit placé dans le soleil, il lui sera facile de connaître l'instant précis du passage de la planète à ses nœuds ; ce sera quand il la verra sur la ligne qui passe par le nœud et le centre du soleil. Pour l'observateur placé sur la terre, c'est-à-dire hors du centre du système planétaire, il peut bien saisir l'instant du passage des nœuds, mais il ne peut les voir lorsqu'ils sont constamment opposés l'un à l'autre, parce que la droite qui le réunit prend successivement diverses inclinaisons par l'effet du mouvement du soleil, cependant il arrive quelquefois, mais très rarement, que le soleil et la terre étant sur la même ligne, la planète que l'on veut observer se trouve également sur son prolongement. Elle se voit alors sur le même point que le soleil ; on peut fixer sa longitude, et il suffit de plusieurs observations semblables pour déterminer si le nœud de la planète répond toujours à la même longitude, vue du soleil.

Le nœud connu, pour déterminer l'inclinaison, on attend que le soleil ait la même longitude que la planète ; et alors on obtient la latitude de l'astre, d'où l'on déduit l'inclinaison du plan de l'orbite.

Ces données obtenues, pour trouver la nature de la courbe, on mesure la durée d'une révolution entière, ce qui se fait en fixant un point, un des nœuds, par exemple, et on calcule le temps qui s'écoule entre deux passages successifs de l'astre par le même point.

Lorsqu'on a ainsi obtenu la durée du mouvement, il ne reste plus qu'à fixer, au moyen des oppositions et des conjonctions, le mouvement angulaire de la planète.

Quand on aura ainsi tracé les orbites des planètes, on reconnaîtra :—

1° *Que les astres se meuvent tous dans des ellipses dont le soleil occupe un des foyers;*

2° *Que le mouvement est d'autant plus rapide que la planète est plus près du soleil, de telle sorte que le rayon vecteur décrit toujours, dans un temps donné, des surfaces égales;*

3° *Que les carrés des temps des révolutions sont entre eux comme les cubes des grands axes des orbites.*

Ce sont les trois lois de Képler : elles servent de base à toute l'astronomie. Nous verrons tout-à-l'heure comment elles renfermaient en germe la loi générale de l'attraction. Ces belles lois, vérifiées pour toutes les planètes, se sont trouvées si parfaitement exactes, qu'on n'hésite pas à conclure les distances des planètes au soleil, de la durée de leurs révolutions sidérales : et l'on conçoit que ce mode d'évaluation des distances offre une grande exactitude, car il est toujours facile de déterminer avec précision le retour de chaque planète en un point du ciel, tandis qu'il est fort difficile de calculer directement sa distance au soleil.

14

ATTRACTION UNIVERSELLE.

Les lois de Képler, qui venaient de rendre un si grand service à l'astronomie, en découvrant les rapports merveilleux des mouvements célestes, devaient porter les esprits à la recherche des causes qui président à ces mouvements. Cette découverte était réservée au génie de Newton. Nous ne redirons pas comment il y fut conduit en méditant sur la cause qui venait de faire tomber une pomme à ses pieds, cause dont il eut l'idée lumineuse d'étendre la sphère d'activité jusqu'aux astres. Nous n'entrerons pas non plus dans les détails, hérissés de calculs, à l'aide desquels il parvint à établir cette cause générale. Nous nous bornerons à l'exposé des conséquences qu'il déduisit des lois de Képler.

De ce que les aires décrites par les rayons vecteurs, sont proportionnelles aux temps, Newton tire cette conséquence, appuyée sur le calcul, *que la force qui sollicite les planètes est dirigée vers le centre du soleil.*

De ce que les orbites des planètes sont des ellipses dont le soleil occupe un des foyers, il conclut *que la force qui anime les astres est en raison inverse du carré de la distance de leur centre à celui du soleil.*

Enfin, de ce que les carrés des temps des révolutions sont entre eux comme les cubes des grands axes des orbites, il déduisit cette conséquence que *la force est proportionnelle à la masse*.

De tous ces résultats, il suit que le soleil est le centre d'une puissance attractive qui agit en vertu des lois que nous venons de donner.

Newton, qui était parti de l'attraction exercée par la terre sur les corps qui sont à sa surface, pour étendre cette attraction jusqu'à la lune, devait conclure, par analogie, que puisque les autres planètes retiennent aussi leurs satellites dans leurs orbites, elles doivent posséder, comme la terre, une force attractive, et que ce ne peut être qu'une force de même nature, qui donne au soleil le pouvoir de faire circuler autour de lui tous les astres de son système.

Ainsi tous les corps qui tournent autour du soleil sont, comme lui, doués de la puissance de l'attraction; et si l'on pousse plus loin l'analogie, on arrivera à ce résultat général, dont la physique s'est emparée, et que la sphéricité des corps célestes aurait pu faire présumer, savoir : que toutes les molécules de la matière s'attirent mutuellement en raison directe des masses, et réciproquement au carré des distances.

Mais comme la force d'attraction, si elle existait seule, ne tendrait qu'à réunir en une seule masse tous les globes de la nature, Newton a supposé que les corps célestes avaient reçu primitivement une impulsion en ligne directe; et c'est de la combinaison de ces deux forces que naît le mouvement curviligne.

En effet, si le corps A, fig. 5, pl. 3, est projeté suivant la ligne droite ABX, dans l'espace libre où il ne rencontre aucune résistance qui affaiblisse l'impulsion qu'il a reçue, il continuera indéfiniment de se mouvoir avec la même vitesse et dans la même direction. Mais arrivé en B, il est attiré par S avec une force convenable et perpendiculaire à son mouvement, il sortira de la ligne droite ABX, et décrira autour de S le cercle BYTU. Pour que le corps décrive ainsi un cercle, il faut que la force projectile soit égale à celle qu'il aurait acquise par la gravité seule, en tombant suivant le demi-rayon du cercle. Ainsi, pour que le corps, arrivé au B, décrive le cercle BYTU, il faut qu'il soit attiré par S, de manière à tomber de B en Y, moitié du rayon BS, dans le temps qu'il mettrait à aller de B en X par le seul effet de la force de projection. A sera, si l'on veut, une planète, et S sera le soleil.

Mais si, pendant que la force projectile porte la planète de B en *b*, l'attraction du soleil la

faisait descendre de B en I, la puissance de gravitation serait proportionnellement plus considérable que dans le premier cas, et la planète
décrirait la courbe B C. Lorsqu'elle serait arrivée en C, la gravitation, qui augmente en raison
inverse du carré des distances, serait encore
plus forte qu'en B, et ferait descendre encore
plus la planète, de manière à lui faire décrire
les arcs B C, C D, D E, E F, dans des temps
égaux : la planète se'mouverait donc avec beaucoup plus de rapidité que précédemment ; elle
acquerrait donc une plus grande tendance à
s'échapper par la tangente K k, ou, en d'autres
termes, une plus grande force projectile, qui
serait assez énergique pour vaincre la force
d'attraction, et pour empêcher la planète de
tomber vers le soleil, ou même de se mouvoir
dans le cercle K l m n. La planète s'éloignerait
donc, en suivant la courbe K lm n, mais sa
vitesse décroîtrait graduellement de K en B,
comme elle aurait augmenté de B en K, parce
que l'attraction solaire s'exercerait maintenant
en sens contraire. Revenue en B, après avoir
perdu de K en B l'excès de vitesse qu'elle
avait acquis de B en K, elle obéirait aux mêmes
forces, et décrirait la même courbe.

Une force projectile double balance une force
attractive quadruple. Supposons, en effet, que

la planète en B ait vers X une impulsion deux fois aussi grande que celle dont elle était d'abord animée, c'est-à-dire, qu'elle passe de B en c, dans le temps qu'elle mettait à aller de B en b. Dans ce cas, il faudra une force de gravité quatre fois plus grande pour la retenir dans son orbite, c'est-à-dire, une force capable de la faire tomber de B à 4, dans le temps que la force projectile aurait mis à la porter de B en c ; autrement elle ne pourrait pas décrire la courbe BD, comme le montre la figure.

Comme les planètes s'approchent et s'éloignent du soleil à chaque révolution, on peut trouver quelques difficultés à concevoir comment, dans le premier cas, elles ne s'en approchent pas de plus en plus jusqu'à se confondre avec lui, et comment, dans le second cas, elles ne s'en éloignent pas, pour ne plus revenir ; mais cette difficulté disparaît, dès qu'on étudie l'action des forces et leur intensité respective dans les cas en question. La planète, avons-nous dit, mue par une force projectile qui la porterait de B en b dans le temps que le soleil la ferait tomber de B en 1, soumise à l'action de ces deux forces, décrit la courbe B C. Mais quand la planète sera en K, comment agiront ces deux forces ? K S étant égal à la moitié de B S, la planète sera deux fois plus près du soleil : l'action de la gravité sera donc quatre fois plus grande, d'après le principe ci-dessus énoncé. Conséquemment, elle tendra à faire tomber la planète de K en V, dans le même temps qu'elle tendait à la faire tomber de B en 1, K V étant quatre fois plus grand que B 1. Mais la force projectile tend à porter, dans le même temps, la planète de K en k, espace double de B b, comme le montre la figure ; cette force projectile est donc double de ce qu'elle était en B. Or, nous avons vu plus haut qu'une force projectile double balance toujours une force attractive quadruple ; l'équilibre, entre les deux forces, ne sera donc pas rompu, et la planète continuera sa route de K en L, selon la résultante des deux forces. Quand elle sera revenue en B, elle se trouvera de nouveau soumise aux deux forces qui lui ont fait décrire une première fois son orbite, et comme ces forces agiront avec la même intensité que précédemment, elle décrira indéfiniment la même courbe.

Tel est le grand principe de l'attraction universelle. Il est si exact, qu'il n'y a point de perturbations, point d'écarts, quelques légers qu'ils puissent être, dont il ne rende compte avec la plus rigoureuse précision. Les astronomes y ont une foi si entière, que, quand les observations ne s'accordent pas avec les résultats du calcul, ils aiment mieux croire que l'erreur tient à l'oubli de quelques circonstances, que d'infirmer la doctrine de l'attraction : et, en effet, on finit toujours par en reconnaître la cause.

DES MASSES PLANÉTAIRES.

C'est encore à l'aide du principe de l'attraction, qu'on est arrivé à connaître la masse et la densité du soleil et des planètes ; densité et masse que nous avons données en leur lieu, avec toutes les autres notions qu'on possède sur les globes de notre système. Puisque, en effet, la vitesse de révolution des satellites dépend de la puissance attractive de la planète, on peut déduire leurs masses de leurs vitesses. Si la planète n'a pas de satellite, sa masse se détermine par les perturbations que l'astre produit.

La masse et le volume une fois connus, il est facile d'obtenir la densité : il suffit pour cela de diviser la masse par le volume.

Cavendish a déterminé la masse de notre globe par une autre méthode, quoique toujours fondée sur le principe de l'attraction. Il prit un fil très mince et non tendu, à l'extrémité duquel était suspendue une aiguille susceptible de céder à l'attraction la plus faible. Auprès de cette aiguille, il plaça une sphère de plomb, qui, exerçant son attraction sur l'aiguille, lui fit éprouver des oscillations dont il apprécia la durée. Puis comparant ces oscillations à celles du pendule soumis à l'action de la gravité terrestre, il en déduisit le rapport de la force d'attraction de la sphère de plomb à celle de la gravité, et trouva ainsi le rapport de la masse de la sphère de plomb à celle de la terre.

Enfin nous verrons, en traitant de la terre, que l'attraction a fourni les moyens d'en déterminer les mesures avec une précision qu'on chercherait vainement dans les opérations faites sur les lieux.

NEUVIÈME LEÇON.

LA TERRE ☿.

Si, en nous occupant des planètes, nous n'avons pas traité de la terre, à la place que nous lui avons assignée, c'est que nous voulions, pour le faire complètement, acquérir préalablement les notions qui nous sont indispensables.

Nous étudierons successivement la figure, les dimensions et le mouvement de la terre.

FIGURE DE LA TERRE.

Trompés par l'illusion des sens, les hommes regardèrent long-temps la terre comme une plaine sans limites. Mais peu à peu les observations vinrent détruire cette erreur. On remarqua, dans les contrées plates de l'est, qu'en s'approchant des objets élevés et placés à une grande distance, on n'en apercevait d'abord que le sommet, puis les parties moins hautes, et enfin la base, qui se découvrait la dernière. Ce phénomène ne pouvait pas être l'effet de quelques accidents de terrain, de quelques circonstances particulières, car on le remarquait dans toutes les directions, et il était d'autant plus sensible que l'atmosphère était plus pure. Bien plus, il se manifestait sur la mer; et ici il était plus concluant encore, car il n'y a ni inégalités ni obstacles; tout est de niveau, et la surface de la mer doit nécessairement suivre la figure du globe. Tout le monde sait, en effet, que toutes les fois qu'un vaisseau s'éloigne du rivage, ses parties inférieures disparaissent d'abord, puis successivement celles qui sont plus élevées, et en dernier lieu, l'extrémité des mâts : les navigateurs eux-mêmes, près d'atteindre le port, ne découvrent d'abord que le sommet des objets les plus élevés, et ne voient les parties inférieures qu'à mesure qu'ils approchent davantage. Depuis, la convexité du globe a été surabondamment démontrée, soit par les voyages de longs cours entrepris par des navigateurs hardis, qui, après avoir fait le tour de la terre, sont revenus au point de leur départ, par une direction opposée à celle qu'ils avaient prise en partant; soit par les observations astronomiques, entre autres la forme circulaire de l'ombre projetée par la terre sur le disque de la lune, lorsque celle-ci est éclipsée ; soit enfin par quelques opérations qui ont servi à déterminer les dimensions du globe, comme la direction du fil à plomb aux diverses stations. La terre est donc à peu près sphérique: nous disons à peu près, car nous verrons bientôt qu'elle a la figure d'une sphère, mais aplatie vers les pôles et renflée vers l'équateur. Nous acquerrons ces données en cherchant à déterminer ses dimensions, et nous verrons plus tard que cette forme est un effet nécessaire de son mouvement de rotation.

DIMENSIONS DE LA TERRE.

Puisque la terre a sensiblement la forme d'une sphère, si nous connaissions la longueur d'un seul de ses degrés, en la multipliant par 360, on obtiendrait la circonférence, et partant le diamètre, la surface et le volume de la terre.

L'opération se réduit donc pour nous à la détermination d'un degré terrestre. Or, pour arriver à cette détermination d'une manière pratique, voici la méthode qu'on a suivie : on a pris sur la terre un espace tel, que les normales, déterminées au moyen du fil à plomb, et menées aux deux extrémités de cet espace, correspondissent à deux étoiles séparées entre elles d'un degré, et on a eu ainsi un degré terrestre. On conçoit que rien n'empêcherait de prendre sur la terre un espace plus grand ou plus petit qu'un degré ; une simple proportion donnerait toujours la longueur exacte du degré. Reste donc à mesurer d'une manière précise la base ainsi choisie. Cette mesure est donnée avec une incroyable précision par des méthodes trigonométriques que nous ne pouvons exposer ici.

Cette détermination pratique des degrés terrestres a confirmé l'aplatissement de la terre aux pôles et son renflement à l'équateur. En effet, le degré, ou l'espace qu'il faut parcourir entre deux verticales pour avoir un degré, n'est pas le même à toutes les latitudes : il est d'autant plus long qu'on s'approche davantage des pôles; il est à son minimum sous l'équateur ; ce qui indique bien évidemment un aplatissement des pôles et non un allongement comme on l'avait d'abord conclu par une étrange erreur.

La mesure de cet aplatissement, déduite des opérations, a donné $\frac{1}{301}$, c'est-à-dire que le diamètre polaire est plus petit de $\frac{1}{301}$ que le diamètre équatorial. Le ménisque ou renflement de l'équateur est à peu près de cinq lieues d'épaisseur. Ces mesures sont données mathématiquement par les mouvements de la lune avec bien plus de précision qu'elles n'ont pu être déterminées sur les lieux.

La gravitation a fourni aussi le moyen de les déduire des oscillations du pendule, lesquelles varient, aux divers points du globe, avec la force de la pesanteur. Voici les mesures précises des dimensions de la terre en lieues de 2,280 toises :

Demi-diamètre de l'équateur. 1435 l. . . . ou 3,271,864 t.
Demi-diamètre du pôle . . . 1430 . . . ou 3,261,265
Demi-diamètre du point à 45°. 1432 . . . ou 3,266,611
Aplatissement . . . . . . 4,65 . . ou 10,600
Longueur de 1° du méridien
   pris au milieu de l'espace
   qui sépare le pôle de l'équa-
   teur. . . . . . . 25. . . ou 57,000
Quart du méridien de Paris . 2250,3 . . ou 5,130,740

Le degré de l'arc du méridien, dont nous venons de donner la valeur, a été pris au milieu de l'espace qui sépare le pôle de l'équateur. Celui qui résulte de l'arc du méridien qui traverse la France, depuis Dunkerque à Barcelone, et qui a été prolongé jusqu'à l'île Formentera, évalué en mesures itinéraires de divers pays, donne les résultats suivants :

La lieue géographique de France est de 25 au degré; la lieue marine est de 20, ou de 2,850 toises; chaque lieue marine vaut 3 minutes de degré terrestre; $\frac{1}{4}$ de lieue vaut un mille ou une minute de l'équateur; c'est le mille d'Angleterre ou d'Italie; la lieue d'Espagne ou de Hollande, le mille d'Allemagne, sont de 15; celui de Suède de 12; celui de Hongrie de 10; enfin le werste de Russie est de 90 au degré.

La surface entière du globe terrestre est de 25,790,440 lieues carrées (c'est-à-dire environ 148 milliards d'arpents, dont les trois quarts sont couverts par la mer); à peine la moitié du reste est-elle habitée (à peu près 3 millions de lieues carrées).

Dans cet aperçu sur les dimensions de la terre, nous n'avons point parlé des inégalités de sa superficie. C'est qu'en effet les plus hautes montagnes peuvent être considérées comme insensibles relativement à son volume, et la surface du globe, malgré les aspérités qu'elle présente, peut être comparativement regardée comme infiniment plus unie que la peau d'une orange.

MOUVEMENT DE LA TERRE.

La sphéricité de la terre établie, ses dimensions connues, occupons-nous de son mouvement. Nous démontrerons d'abord qu'elle tourne sur elle-même, ensuite qu'elle est animée en outre d'un mouvement de translation dans l'espace.

———

ROTATION DIURNE DE LA TERRE.

Toute la sphère céleste nous paraît tourner en vingt-quatre heures autour de la terre : ce spectacle est-il réel, ou n'est-ce qu'une illusion ?

Et d'abord, si l'on compare la terre, nous ne dirons pas seulement aux globes de notre système, mais à cette infinité d'étoiles que nous avons vu n'être autre chose que des soleils, au moins aussi grands que le nôtre, et centres probables d'autant de systèmes planétaires, on reconnaîtra qu'elle n'est qu'un point imperceptible à côté de ces masses énormes, et il paraîtra sans doute bien étonnant qu'un atome soit le centre autour duquel viennent circuler tant de globes immenses. L'étonnement sera bien plus grand encore, si l'on songe à l'incroyable vitesse dont ces corps devraient être animés pour décrire en si peu de temps des cercles incommensurables : et comme cette vitesse devra augmenter avec l'éloignement, il faudra nécessairement admettre que la terre attire tous les astres avec une force d'autant plus grande qu'ils sont plus éloignés d'elle ; ce qui est absurde.

On sera donc forcé de rejeter, en présence de

ces conséquences, l'opinion qui y conduit, et l'on se demandera si cette révolution apparente des cieux ne pourrait pas être l'effet d'une illusion de nos sens. On sera conduit de cette manière à supposer le mouvement de la terre, et cette supposition admise, les phénomènes s'expliqueront avec logique et facilité.

En effet, accompagnant le globe dans sa rotation, nous croyons rester immobiles, tandis que les astres nous paraissent marcher dans la direction contraire à celle que nous suivons. C'est ainsi que, placés dans une voiture ou sur un vaisseau, nous croyons voir les objets emportés loin de nous par un mouvement d'autant plus rapide que ces objets sont plus voisins : l'illusion est d'autant plus forte, que la vitesse s'accroît davantage : et comme l'équipage du vaisseau ne sent pas le mouvement qui l'emporte, nous sommes insensible à celui de la terre, se mouvant avec beaucoup plus de rapidité, et sans jamais rencontrer ni obstacles ni résistance.

Le mouvement de rotation de la terre rendu ainsi extrêmement probable par l'explication naturelle et facile qu'il donne des phénomènes, et par l'évidente absurdité de l'opinion opposée, il nous reste à le prouver directement.

On a prétendu que, si la terre tournait un corps lancé en l'air devrait retomber en arrière,

*

qu'une pierre lâchée du haut d'une tour ne devrait pas tomber au pied de l'édifice, parce que la terre aurait marché pendant le temps de la chute. C'est une erreur ; l'expérience prouve qu'un corps projeté partage le mouvement de celui qui le projette. C'est ainsi qu'une personne, placée sur un vaisseau, lance en l'air un corps qu'elle reçoit très aisément, et qu'elle croit jeter verticalement, tandis que, vu du rivage, le corps est projeté obliquement en avant. Tout le monde sait qu'une pierre, lâchée du haut du mât d'un vaisseau qui marche, tombe au pied du mât, comme si le vaisseau était en repos ; et qu'une bouteille d'eau renversée et suspendue au-dessus de la cabine, s'écoule goutte à goutte et en remplit une autre placée exactement au-dessous, quoique le vaisseau parcoure plusieurs pieds pendant le temps que chaque goutte met à tomber.

Mais il y a plus, et nous tirerons même de là une preuve mathématique du mouvement de rotation de la terre. De deux corps qui décrivent dans le même temps deux circonférences inégalement éloignées de l'axe de rotation, celui qui parcourt la plus éloignée, et par conséquent la plus grande, doit se mouvoir avec plus de rapidité que l'autre. Supposons donc que, du haut d'une tour fort élevée, on abandonne un corps à lui-même. Comme le sommet de la tour, parcourant une plus grande courbe que le pied, puisqu'il est plus éloigné de l'axe de rotation, a un mouvement plus rapide, il communiquera ce mouvement au corps qu'on laisse tomber, et celui-ci ne suivra pas la direction du fil à plomb, mais déviera vers l'orient. C'est ce que l'expérience démontre de la manière la plus convaincante.

Une autre démonstration du mouvement de rotation de la terre est empruntée à la transmission de la lumière. Avant de l'aborder, établissons que cet agent ne se meut pas instantanément, mais qu'il met un temps à parcourir l'espace.

Galilée s'était proposé de résoudre expérimentalement ce problème. Pour y parvenir, il avait imaginé une lanterne munie d'un écran mobile et qu'on pouvait faire tomber de manière à intercepter instantanément la lumière. Il se transporta, avec une lanterne de ce genre, au sommet d'une montagne, tandis qu'une autre personne, munie d'une lanterne pareille, se plaça sur une hauteur voisine. Galilée lui avait recommandé de faire tomber son écran à l'instant même où elle verrait la lumière de l'autre lanterne disparaître. Il pensait que, si la lumière ne se meut que progressivement, il s'écoulerait quelque temps entre le moment où il ferait tomber son

écran, et celui où il verrait l'autre lanterne s'é-
teindre. Il se trompait; les deux lumières disparaissaient au même instant, d'où il conclut que
les rayons lumineux se meuvent instantanément.
Nous allons voir que cette conséquence erronnée
tenait à ce qu'il n'agissait pas sur une assez grande
échelle.

Soit S le soleil, fig. 15, pl. 1, T la terre, J
Jupiter au moment de l'opposition, et J' Jupiter
au moment de la conjonction. Si l'on obseve
deux immersions d'un satellite de Jupiter, l'une
à l'opposition et l'autre à la conjonction, et qu'on
répète ensuite l'opération en sens inverse, c'est-
à-dire qu'on observe une immersion à la conjonction et l'autre à l'opposition, le temps qui se
sera écoulé entre les deux premières immersions
observées sera plus long que celui qui sépare les
deux dernières, et la différence sera de 16' 26".
Or, cette différence ne peut provenir que du
temps qu'il faut pour que les immersions de la
conjonction soient visibles, c'est-à-dire du temps
nécessaire à la lumière pour venir de J' en T; et
comme les opérations ont été faites en ordre inverse, la différence 16' 26" exprime le temps
que la lumière a mis pour venir de J' en T; ou,
en d'autres termes, 16' 26" est le temps qu'il
faut à la lumière pour parcourir le grand diamètre de l'orbite terrestre, qui est de 68,000,000

de lieues. La lumière se meut donc avec une vitesse d'environ 70,000 lieues par seconde.

La transmission progressive de la lumière établie, déduisons-en notre démonstration de la rotation de la terre.

Si la terre est immobile, nous ne devons pas voir les astres au moment où ils arrivent sur l'horison ou au méridien, mais seulement après le temps qu'il faut aux rayons lumineux qu'ils lancent pour arriver jusqu'à nous.

Si, au contraire, la terre tourne, on doit voir les astres au moment même de leur arrivée, soit au méridien, soit à l'horizon; car, par l'effet du mouvement de rotation, l'œil viendra se placer sur la ligne des rayons lancés par les astres depuis plus ou moins long-temps, et arrivant en ce moment aux points de l'espace que traverse notre horizon.

Or, nous voyons les astres à l'instant de leur arrivée. Ce qui le prouve, c'est que les passages au méridien de Mars, par exemple, seraient de plus en plus hâtifs, ou de plus en plus tardifs, selon que cette planète s'approche ou s'éloigne de nous, si nous ne la voyions pas au moment où elle y arrive; mais rien de cela ne s'observe : il faut donc que la terre tourne.

La terre ayant à peu près 9,000 lieues de circonférence, les différents points de l'équateur parcourent en vingt-quatre heures un cercle de pareilles dimensions, c'est-à-dire à peu près un dixième de lieue par seconde. C'est la vitesse d'un boulet de canon.

Puisque la terre tourne, elle est, comme tous les corps qui obéissent à un semblable mouvement, douée d'une force centrifuge, dont l'intensité, d'après l'expérience et le calcul, est en raison des carrés des vitesses de circulation. D'où il suit que, sous l'équateur, la force centrifuge sera à son maximum, tandis qu'elle sera nulle sous les pôles. L'intensité de la gravité sera donc plus faible sous l'équateur que sous les pôles, et c'est ce que démontrent les oscillations du pendule, quand on le promène de l'un de ces points à l'autre. Mais il ne faut pas oublier que la différence obtenue par ce moyen n'est pas due seulement à l'action de la force centrifuge, car nous avons vu que l'éloignement du centre est plus considérable à l'équateur qu'aux pôles, et nous savons que l'attraction agit en raison inverse du carré des distances.

Il nous sera facile à présent de nous rendre compte de la raison pour laquelle les pôles se sont aplatis, tandis que l'équateur s'est renflé.

La terre, comme toutes les planètes, a dû être primitivement fluide; c'est du moins une opinion que les observations et la théorie s'ac-

cordent à confirmer, et qui est généralement
admise aujourd'hui. Cela posé, donnons à la
terre son mouvement de rotation autour de A
B, fig. 16, pl. 1. Les molécules qui se trouvent
dans le canal A B, c'est-à-dire sur la ligne des
pôles, ne sont douées d'aucune force centrifuge, et conséquemment ne perdent rien de
leur poids. Les molécules, au contraire, qui
remplissent le canal B C sont soumises à l'action
de la force centrifuge qui paralyse en partie
l'attraction, et sont proportionnellement plus
légères ; il en faudra donc une plus grande
quantité pour maintenir l'équilibre.

Il est facile d'imaginer une expérience qui
montre que la vitesse d'un mouvement de rotation produit un sphéroïde aplati comme celui
de la terre. Soient deux bandes de carton ou
d'autres matières flexibles ; courbez-les en cercles, et montez-les sur un axe, comme dans la
figure 2, pl. 2, pour qu'elles puissent tourner
avec lui. Faites-les tourner lentement au moyen
de la manivelle G, elles n'éprouvent pas de
changement dans leurs formes ; mais si vous leur
imprimez un mouvement rapide, leurs pôles se
dépriment et les cercles s'allongent sur les côtés.

MOUVEMENT ANNUEL DE LA TERRE.

Nous venons de voir que la terre tourne sur elle-même en 24 heures, et que la révolution apparente de la sphère n'est que l'effet d'une illusion. Il nous reste à rechercher maintenant si le mouvement annuel du soleil est réel, ou si ce n'est encore qu'une apparence due au déplacement de la terre, car nous avons appris à nous défier du témoignage de nos sens.

Mais décrivons d'abord ce mouvement. Si l'on observe chaque jour le soleil, on reconnaît qu'il s'avance toutes les 24 heures d'environ 1° vers l'orient. Or, 1° répond à 4 minutes de temps; le soleil arrive donc 4 minutes plus tard dans le plan du méridien; de sorte qu'après 90 jours, il arrivera six heures plus tard que l'étoile avec laquelle il y arrivait primitivement. Après 180 jours, ils seront l'un et l'autre dans le plan du méridien en même temps; mais l'un sera au méridien supérieur, et l'autre au méridien inférieur. Enfin, après 365 jours $\frac{1}{4}$, ils se retrouveront en même temps au méridien. La ligne qu'aura tracée le soleil dans ce mouvement est l'écliptique, dont le plan est incliné à l'équateur de 23° 28'. Les points les plus élevés de l'écliptique ont reçu le nom de solstices, parce que le soleil semble s'arrêter en cet endroit, et les équinoxes, c'est-à-dire l'époque à laquelle les jours sont égaux aux nuits, a lieu quand le soleil est dans le plan de l'équateur, ce qui arrive deux fois par an.

Telle est la marche que paraît suivre le soleil dans le cours d'une année. Mais son mouvement est-il bien réel? N'est-ce pas plutôt la terre qui parcourt l'écliptique et donne lieu aux apparences que nous voyons?

Et d'abord, si l'on se laisse aller aux inductions de l'analogie, on reconnaitra qu'il est bien plus naturel d'admettre que la terre, à laquelle il ne manque que le mouvement de révolution pour prendre rang parmi les planètes, est réellement doué de ce mouvement, que de vouloir que le soleil vienne, avec tout le cortége de ses planètes, circuler autour de la terre, au mépris des lois de l'attraction. Mais cette probabilité déjà si grande du mouvement de translation de la terre va atteindre le dernier degré de la certitude, quand nous déduirons de l'observation des phénomènes qu'elle explique si naturellement, des démonstrations qui lèveront tous les doutes.

Comment rendre compte, en effet, dans l'hypothèse de l'immobilité de la terre, du phénomène des stations et rétrogradations des planètes?

16

Et quoi de plus naturel que cette explication dans l'hypothèse contraire ?

Nous avons vu, en parlant des planètes, que ces corps paraissent se mouvoir, tantôt d'occident en orient, tantôt d'orient en occident, et rester quelquefois stationnaires. Voilà le phénomène. Or, supposons que la terre se meuve dans l'écliptique, et voyons comme les choses se passent dans cette hypothèse. Soit S le soleil (fig. 17, pl. 1). T la terre, et M Mars, par exemple. La terre se mouvant plus rapidement que Mars, sera en T' quand cette planète ne sera qu'en M'. Mars aura donc paru, en vertu de l'illusion dont nous avons déjà parlé, rétrograder du côté de M. Mais lorsque la terre sera en T'', la ligne qu'elle parcourra, s'inclinant par rapport à celle que Mars décrit, ne donnera pas une plus grande longueur parallèle ; Mars paraîtra alors stationnaire. Enfin quand la terre sera en T''', la ligne qu'elle trace s'inclinant encore davantage, Mars paraîtra marcher en avant.

Telle est, dans l'hypothèse du mouvement de la terre, l'explication naturelle et facile du phénomène des stations et rétrogradations : on la chercherait vainement dans tout autre système.

Bradley, en cherchant à déterminer la parallaxe annuelle des étoiles fixes, découvrit qu'elles ne sont pas immobiles, mais qu'elles paraissent décrire, pendant le temps que la terre met à parcourir l'écliptique, celles qui sont dans le plan de l'orbite terrestre, des lignes droites; celles qui sont dans le plan perpendiculaire à cet orbite, des cercles; enfin celles qui sont dans des plans intermédiaires, des ellipses plus ou moins allongées, selon qu'elles sont plus ou moins voisines de l'une ou de l'autre de ces positions. C'est le phénomène de l'aberration de la lumière; il va nous fournir une nouvelle démonstration du mouvement de translation de la terre dans l'espace.

Rappelons-nous d'abord que la lumière met un temps à nous venir des étoiles. Cela prémis, soit C A, (fig. 7, pl. 5), un rayon lumineux qui tombe perpendiculairement sur la ligne B D. Si l'œil est en A et en repos, il verra l'objet dans la direction A C, que la lumière se propage ou qu'elle se meuve instantanément; mais si l'œil est en mouvement de B vers A, et que la lumière se propage avec une vitesse qui soit à celle du mouvement de l'œil comme C A est à B A, elle ira de C en A pendant que l'œil ira de B en A. Or, chaque particule de lumière qui fait discerner l'objet en arrivant à l'organe, est en C quand l'œil est en B. Joignons donc les deux points B et C, et supposons que la ligne

C B soit un tube incliné à la ligne B D, et d'un diamètre tel qu'il ne puisse admettre qu'une particule de lumière. Il est évident que la particule de lumière en C, qui rendra l'objet visible quand l'œil, emporté par son mouvement, arrivera en A, passe à travers le tube B C, qui accompagne l'œil dans son mouvement en conservant son inclinaison. Or, puisque la particule de lumière est arrivée à l'œil à travers le tube B C, l'œil verra l'objet dans la direction de ce tube. Si, au lieu de supposer le tube extrêmement petit, nous en faisons l'axe d'un plus grand, la particule de lumière passera toujours à travers cet axe, s'il est incliné dans le rapport convenable. De même, si l'œil marche de D en A, ce tube C D doit être incliné en sens contraire.

Il résulte de là que, si la terre se meut, nous ne voyons pas les étoiles dans leur position réelle, mais un peu en avant de cette position ; et la différence entre leur position réelle et leur position apparente est au sinus de leur inclinaison visible sur le plan de l'écliptique, comme la vitesse de la terre est à celle de la lumière.

Il est aisé de concevoir maintenant que le mouvement de la terre admis, les étoiles fixes doivent présenter le phénomène remarqué par Bradley ; et l'explication que nous venons de donner de ce phénomène, inexplicable autrement, constitue la preuve la plus puissante du mouvement de révolution de notre globe.

La terre n'est donc plus pour nous le centre immobile autour duquel gravite tout l'univers. Ce n'est plus qu'une petite planète du système solaire, obéissant comme toutes les autres aux lois de l'attraction. Sa distance au soleil est de 34,500,000 lieues. Sa révolution annuelle se fait en 365^j 5^h 48' 49", c'est ce qu'on appelle son année tropicale ; mais le temps qu'elle met à accomplir sa révolution annuelle, en prenant une étoile fixe pour point de départ et d'arrivée, est de 365^j 6^h 9' 12", c'est ce que l'on appelle l'année sidérale. La rotation de la terre sur son axe se fait en 24^h, qui sont la longueur du jour naturel. Son diamètre est de 2,865 lieues. Un point de l'équateur parcourt, en vertu du mouvement de rotation, environ $\frac{1}{10}$ de lieue par seconde, et quoique la terre se meuve dans l'écliptique avec une vitesse de 7 lieues par seconde, son mouvement est presque moitié moins rapide que celui de Mercure. Le diamètre de l'orbite terrestre est d'environ 68 millions de lieues. Nous ne nous arrêterons pas plus long-temps à ces détails, que nous avons déjà donnés dans les tableaux comparatifs des notions acquises sur les planètes.

DIXIÈME LEÇON.

DES INÉGALITÉS SÉCULAIRES ET PÉRIODIQUES.

Puisque les corps s'attirent tous mutuellement, selon les lois que nous avons reconnues, les globes de notre système doivent se contrarier reciproquement dans leur marche et éprouver une infinité de perturbations. C'est ce qui arrive en effet ; et c'est ici surtout que triomphe le système de l'attraction. Il n'est aucun de ces dérangements, aucune de ces perturbations, quelque minime qu'elle soit, dont il ne donne la plus rigoureuse appréciation.

Les irrégularités qu'éprouvent les mouvements des planètes et de leurs satellites ont reçu le nom d'*inégalités*. Il y a les inégalités *séculaires* et les inégalités *périodiques*. Ce n'est pas que les premières ne soient également périodiques ; mais on a voulu dire qu'elles ne se produisent qu'avec une extrême lenteur, tandis que les autres s'accomplissent dans un temps assez court.

Toutefois, ces dérangements sont limités : il est des bornes qu'ils ne peuvent franchir. Ainsi les courbes décrites peuvent être plus ou moins irrégulières, s'éloigner ou se rapprocher plus ou moins de la forme circulaire ; mais la distance du soleil ne variera jamais : l'angle d'inclinaison de l'axe sur l'orbite peut bien éprouver quelques variations ; mais elles n'iront jamais au-delà de certaines limites.

Nous ne nous proposons de parler ici que des inégalités les plus remarquables de la lune et de la terre.

INÉGALITÉS DE LA LUNE ET DE LA TERRE.

Lorsque la lune est en conjonction, c'est-à-dire lorsqu'en vertu de son mouvement de révolution, elle est venue se placer entre le soleil et la terre, elle se trouve plus rapprochée du premier de ces astres que dans la situation opposée, et l'attraction solaire s'exerçant avec plus d'intensité, la distance de la lune à la terre en est augmentée. Lorsque au contraire, la lune est en opposition, c'est-à-dire que la terre se trouve entre elle et le soleil, celui-ci, attirant plus fortement la terre, l'éloigne à son tour de son satellite. Dans les quadratures, l'action du soleil

laisse prédominer celle de la terre. Mais on conçoit que l'effet immédiat de ces dérangements est
d'influer sur la vitesse du mouvement de la lune.
On remarque, en effet, que le mouvement se
ralentit de la conjonction à la première quadrature, et qu'il s'accélère de la quadrature à l'opposition. La vitesse diminue ensuite jusqu'à la
deuxième quadrature, puis augmente de nouveau jusqu'à la conjonction. Ces inégalités se
nomment *variations*.

Toutefois comme la lune accompagne la terre
dans son mouvement autour du soleil, et que la
terre, dans ce mouvement, s'approche ou
s'éloigne plus ou moins de cet astre, on sent que
cette variation dans les distances apportera des
modifications aux phénomènes que nous venons
de décrire. Cette nouvelle espèce d'inégalités a
reçu le nom d'*equation annuelle*.

Nous avons déjà vu, en traitant de la lune,
que ses nœuds se meuvent sur l'écliptique d'o-
rient en occident, et parcourent 19°,3286 par
an, ce qui fait une révolution entière en dix-
huit ans sept mois et demi environ, ou, plus
exactement, en 6788 jours 54019. Ce mouvement des nœuds de l'orbe lunaire et les variations de son inclinaison sur l'écliptique sont dus
à l'action du soleil. En effet, lorsque la lune,
dans son mouvement de révolution autour de la

terre, se rapproche du plan de l'écliptique, la force d'attraction du soleil la fait descendre, et avance ainsi le moment où elle doit couper le le plan de l'écliptique. De là naît le *mouvement rétrograde des nœuds* et le changement d'inclinaison de l'orbite sur l'écliptique.

La force attractive de la terre sur la lune varie d'intensité, selon que cette dernière est apogée ou périgée, et laisse en conséquence plus ou moins d'influence à l'attraction solaire. De là des alongements ou des contractions dans l'orbe lunaire, inégalités qu'on appelle *évections*.

Mais la plus remarquable de ces inégalités est *la précession des équinoxes*. Le soleil ne coupe pas tous les ans l'équateur au même point. Si un jour il le coupe en un point, le même jour de l'année suivante, il le coupe en un autre point situé 50″103 à l'ouest du premier, et arrive ainsi à l'équinoxe 20′23″ avant d'avoir complété sa révolution dans le ciel, ou passé d'une étoile fixe à une autre. Ainsi l'année tropique ou l'année vraie des saisons, est plus courte que l'année sidérale. La précession des équinoxes est un effet de l'attraction solaire qui s'exerce avec plus d'intensité sur le ménisque de l'équateur, qu'il tend à faire tomber dans le plan de l'écliptique, mais qui se maintient à son inclinaison par l'effet du mouvement de rotation. Rétrogradant chaque année à l'ouest de 50″193, les équinoxes font une révolution entière en 25,867 ans. Ainsi le Bélier ♈, qui correspondait autrefois à l'équinoxe du printemps, se trouve maintenant 30° plus à l'occident, quoique, par une convention adoptée par les astronomes, il réponde toujours à l'équinoxe.

Le mouvement rétrograde des points équinoxiaux fait décrire à l'axe de la terre, en vertu d'un mouvement conique, un petit cercle dont le diamètre est égal à deux fois son inclinaison sur l'écliptique, c'est-à-dire 46° 56′. Soit N Z S V L (fig. 1, pl. 4) la terre ; son axe se prolonge jusqu'aux étoiles et aboutit en A, pôle nord actuel du ciel, qui est vertical à N, pôle nord de la terre ; soit E O Q l'équateur, T ♋ Z le tropique du Cancer, et V T ♑ celui du Capricorne ; V O Z l'écliptique, et B O son axe, qui doit être considéré comme immobile, parce que l'écliptique passe toujours sur les mêmes étoiles. Mais comme les points équinoxiaux rétrogradent dans ce plan, l'axe de la terre S O N est en mouvement sur le centre de la terre O, de manière à décrire le double cône N O n et S O s, autour de celui de l'écliptique B o, dans le temps que les points équinoxiaux marchent autour de ce plan, c'est-à-dire en 25,867 ans, et dans ce long intervalle, le pôle nord de l'axe de la terre décrit le cercle A B C D A dans le ciel étoilé, autour du pôle de l'écliptique, qui reste immobile au centre du cercle. L'axe de la terre étant incliné de 23°28' par rapport à celui de l'écliptique, le cercle A B C D A, décrit par le pôle nord de l'axe de la terre prolongé en A, a presque 46° 56', ou le double de l'inclinaison de l'axe de la terre. En conséquence, le point A, qui est à présent le pôle nord du ciel, et près d'une étoile de seconde grandeur dans le bout de la queue de la petite Ourse, doit être abandonné par l'axe de cette planète, qui rétrogradant d'un degré en 71 $\frac{3}{4}$ années, sera directement vers l'étoile au point B dans 6447 $\frac{1}{4}$ années, et, dans le double de ce temps ou 12,895 $\frac{1}{2}$ ans, directement vers l'étoile ou point C, qui sera alors le pôle nord du ciel. La position actuelle de l'équateur E O Q sera alors changée e O q ; le tropique du Cancer T ♋ et V t ♋, et celui du Capricorne N T ♑ en t ♑' R ; et le soleil, dans la partie du ciel où il est maintenant sur le tropique terrestre du Capricorne et produit les jours les plus courts et les nuits les plus longues dans l'hémisphère du nord, sera alors sur le tropique terrestre du Cancer, où il détermine les jours les plus longs et les nuits les plus courtes. Cet effet n'aura lieu que dans 12,895 années, à partir du point C, ou bien, si l'on compte du point de départ A, après 25,867 ans, qui sont nécessaires pour que le pôle nord fasse une révolution complète et se trouve dans un point du ciel qui soit vertical à celui qu'il occupe maintenant.

Bradley avait déjà découvert l'aberration de la lumière, et faisait de nouvelles observations pour la vérifier, lorsqu'il s'aperçut que l'axe terrestre s'incline tantôt plus, tantôt moins vers l'écliptique, causant les mêmes variations dans l'inclinaison des plans de l'écliptique et de l'équateur, et décrit, autour du pôle moyen pris pour centre, une petite ellipse dont le grand axe soustend un arc de la sphère céleste de 20"153, et le petit axe 15"001. Cette ellipse se décrit dans le même temps que le cycle de la lune, c'est-à-dire à peu près 18 ans 7 mois. La période de la nutation étant précisément celle du mouvement des nœuds de la lune; ces deux phénomènes sont nécessairement liés. C'est, en effet, l'attraction de la lune agissant avec plus d'intensité sur les régions équatoriales que sur les pôles, qui détermine le phénomène de la *nutation*.

Enfin, outre les deux inégalités que nous venons de signaler dans les mouvements de la terre, et qui sont les deux principales auxquelles cette planète est soumise, nous en verrons encore une autre assez importante, et qui est le résultat de l'ensemble des attractions que les planètes réunies exercent sur notre globe : c'est le déplacement graduel du plan de l'écliptique dans le ciel, et la diminution, par siècle, de son inclinaison sur l'équateur, d'une quantité égale, ou à peu près, à 52″,1154 (environ le centième de la précession, ½″ par an, 1′ après 115 ans, 1° en 6900 ans).

Ce changement d'obliquité dans l'inclinaison de l'équateur sur l'écliptique, est confirmé par les observations des anciens astronomes et par le calcul. On s'en assure en comparant la situation actuelle des étoiles, relativement à l'écliptique, à celle qu'elles avaient dans les premiers temps. On reconnaît ainsi que celles qui, d'après le témoignage des anciens, étaient situées au nord de l'écliptique, près du solstice d'été, sont maintenant plus avancées vers le nord et plus éloignées de ce plan ; et que celles qui étaient au midi de l'écliptique, près du solstice d'été, se sont rapprochées de ce plan ; que quelques-unes s'y trouvent comprises, et l'ont même dépassé en se portant vers le nord. Des changements inverses se manifestent vers le solstice d'hiver.

Toutefois, M. Laplace a démontré que cette diminution d'obliquité de l'écliptique n'irait pas toujours en augmentant ; mais qu'une époque viendrait, à laquelle ce mouvement commencerait à se ralentir, puis s'arrêterait entièrement, pour recommencer ensuite en sens contraire. Ainsi s'établirait un balancement qui n'irait guère que de 1° à 3°.

ONZIÈME LEÇON.

DES COMÈTES.

Il nous reste à nous occuper d'une classe nombreuse de corps, au sujet desquels sont nées les opinions *les plus diverses. Ce sont les comètes,* ces astres dont l'apparition à toujours frappé les hommes d'étonnement ou de frayeur.

Prémettons quelques définitions.

Le mot *comète,* l'étymologie l'indique, signifie *étoile chevelue.*

On appelle *noyau* le point central qui est plus ou moins lumineux.

La nébulosité qui entoure le noyau s'appelle *chevelure.*

Les trainées lumineuses dont la plupart des comètes sont accompagnées prenaient autrefois le nom de *barbe* ou de *queue,* selon qu'elles précédaient ou suivaient l'astre dans son mouvement. Maintenant on les appelle *queues,* quelle que soit leur situation.

Enfin, on nomme *tête de la comète* la chevelure et le noyau réunis.

Aujourd'hui les astronomes ne mettent plus
au nombre des caractères essentiels distinctifs
des comètes, la nébulosité qui les accompagne.
Il suffit à un astre, pour être une comète à leurs
yeux, *d'être animé d'un mouvement propre et
de parcourir une ellipse d'une excentricité
telle, qu'il cesse d'être visible pendant une
partie de sa révolution.*

Les observations simultanées faites journelle-
ment sur des points du globe très éloignés les uns
des autres, et la participation des comètes à la
révolution générale de la sphère, ne permettent
plus de douter que les comètes ne soient, non,
comme on l'a cru anciennement, des météores
engendrés dans l'atmosphère, mais des corps
permanents, des astres véritables.

On a pensé long-temps que les comètes ne
suivaient point une marche régulière ; qu'elles
n'étaient point assujetties aux lois qui régissent
les autres astres, et qu'elles erraient de système
en système, à travers l'immensité de l'espace.
Mais depuis les découvertes de Képler, on a
cherché si ces astres se soustrayaient à ses lois,
et on a essayé de déterminer leurs orbites. Il
suffisait pour cela, comme nous l'avons vu, de
connaître trois positions de ces astres, 1° *la lon-*

gitude du nœud et l'inclinaison ; 2° la longitude du périhélie ; 3° la distance périhélie. Il fallait ajouter à ces données le *sens du mouvement*, car les comètes sont tantôt *directes*, tantôt *rétrogrades*, et font seules exception à ce fait si remarquable que tous les globes de notre système se meuvent d'Occident en Orient. On a donc déterminé par ce moyen, les courbes que décrivent plusieurs de ces corps, et l'on a reconnu qu'ils se meuvent dans des ellipses d'une très grande excentricité, dont le soleil occupe un des foyers. Toutefois, les comètes ayant été anciennement peu et mal observées, la plupart des éléments nécessaires à la détermination de leur identité manquent, ce qui rend fort difficile d'assigner, pour beaucoup d'entre elles, l'époque de leur retour. Il ne serait même pas impossible que quelques-unes décrivissent des paraboles, c'est-à-dire, des courbes ouvertes dont le soleil occupe le foyer, et conséquemment qu'elles ne revinssent jamais.

Comme les circonstances physiques de forme, de grandeur, d'éclat des comètes varient souvent en quelques jours, ce n'est point à de tels caractères qu'on peut les reconnaître. Aussi les néglige-t-on complètement pour ne s'attacher qu'aux *éléments paraboliques*. Mais l'identité de deux comètes apparues à des époques diffé-

rentes sera-t-elle toujours infailliblement démontrée par ce moyen ?

Si les éléments paraboliques de deux comètes
sont différents, il ne faudra pas s'empresser de
conclure que ce sont deux astres distincts, car,
en passant près d'une planète, une comète peut
éprouver une perturbation telle, que sa courbe,
après ce dérangement, soit entièrement changée. Que si, au contraire, les deux astres qu'on
compare ont à peu près les mêmes éléments paraboliques, leur identité sera très probable. Cependant, il ne serait pas impossible que deux
comètes différentes décrivissent deux courbes
semblables de forme et de position; mais quand
on examine sur combien d'éléments divers devrait porter cette similitude, il n'est guère possible de se refuser à croire que deux comètes qui
se montrent avec les mêmes éléments, ne soient
qu'un seul et même astre.

Pour fournir aux astronomes les moyens de
reconnaître, quand une comète paraît, si elle
est une de celles déjà observées, il existe un *catalogue des comètes*, où sont régulièrement
inscrits les éléments paraboliques de toutes celles
qu'on observe. Ces éléments sont encore peu
nombreux, les bonnes observations des comètes
étant trop modernes. Il n'y a que trois de ces
astres dont la marche soit aujourd'hui connue.

Comète de 1759.

Halley ayant calculé, en 1682, les éléments paraboliques d'une comète qui parut à cette époque, fut frappé de l'analogie qui existait entre ses résultats et ceux obtenus par Képler, pour une comète qui s'était montrée en 1607. Il recourut aux observations plus anciennes et vit que les éléments d'une comète aperçue par Apian, en 1531 étaient fort ressemblants aux siens. Il en inféra que c'était la même comète qui reparaissait à des intervalles de temps à peu près égaux, c'est-à-dire, environ tous les 76 ans, et il se hasarda à prédire, d'après ces données, qu'elle reviendrait vers la fin de 1758 ou au commencement de 1759. Mais Clairaut ayant calculé qu'elle serait retardée de 618 jours par l'action de Jupiter et de Saturne, elle n'arriva, en effet, au périhélie que le 12 mars 1759. Cette comète est la première dont on ait prédit et vu se vérifier la périodicité.

M. Damoiseau, du bureau des longitudes, a calculé l'époque de son prochain retour. Il a fixé son passage au périhélie au 4 novembre 1835. M. de Pontécoulant, qui a fait le même calcul, l'a fixé au 7 novembre. Cette légère différence de trois jours sur plus de soixante-

seize ans et demi tient en grande partie à ce
que MM. Damoiseau et de Pontécoulant, n'ont
pas adopté les mêmes masses pour les planètes
perturbatrices.

Comète de 1770.

Cette comète fut découverte par Messier au
mois de juin 1770, et Lexell trouva qu'elle avait
parcouru en cinq ans et demi une ellipse dont
le grand diamètre n'était que trois fois celui de
l'orbite terrestre.

On fut étonné, d'après ce résultat, qu'une
comète qui, avec une révolution aussi courte,
aurait dû se montrer fréquemment, n'eût point
encore été aperçue avant Messier, et l'étonnement redoubla lorsqu'on ne la vit pas revenir,
après des intervalles de cinq ans et demi, aux
différents points de l'orbite elliptique de Lexell.
Les causes de cette disparition mystérieuse, qui
donna lieu à tant de plaisanteries bonnes ou
mauvaises sur la *comète perdue*, sont aujour-
d'hui parfaitement connues. C'est une conséquence à la fois et une confirmation nouvelle du
système de l'attraction. Si la comète n'a pas été
vue tous les cinq ans et demi avant son apparition en 1770, c'est qu'elle décrivait alors une
orbite tout-à-fait différente de celle qu'elle a
décrite depuis; et si elle n'a pas été aperçue une

seconde fois, c'est qu'en 1776 son passage au périhélie eut lieu de jour, et qu'aux retours suivants, son orbite avait éprouvé des altérations telles que la comète n'eût pu être reconnue, si elle eût été visible de la terre. C'est l'action de Jupiter sur cette comète qui l'approcha et l'éloigna de nous tour-à-tour, en s'exerçant en sens inverse.

Comète à courte période.

Cette comète fut découverte à Marseille le 26 novembre 1818, par M. Pons. Ses éléments paraboliques, déterminés par M. Bouvard, la firent reconnaître pour celle observée en 1805, et M. Encke démontra qu'elle ne met que 1200 jours, ou 3 ans $\frac{1}{4}$ environ, à parcourir son orbite. Les apparitions postérieures sont venues confirmer ces calculs.

Comète de six ans $\frac{3}{4}$.

Elle fut découverte à Joannisberg, le 27 février 1826, par M. Biela; M. Gambart, qui l'aperçut quelques jours après à Marseille, en détermina les éléments paraboliques, et reconnut qu'elle avait déjà été observée en 1805 et en 1772.

Cette comète est celle qui effraya si fort quelques personnes, parce qu'on avait annoncé

qu'elle viendrait choquer la terre, à son retour
en 1832. Il est vrai que le 29 octobre elle perça
l'orbite terrestre en un point où la terre se trouva
un mois après, mais dont elle était alors éloignée de plus de vingt millions de lieues, puisqu'elle parcourt, vitesse moyenne, six cent
soixante-quatorze mille lieues par jour. En 1805,
cette comète passa dix fois plus près de nous,
c'est-à-dire, à la distance d'environ deux millions de lieues. Nous parlerons plus loin de la
possibilité du choc de la terre par une comète.

CONSTITUTION PHYSIQUE DES COMÈTES.

Cette branche de l'astronomie cométaire n'est
pas fort avancée; cependant nous allons faire
connaître l'état de la science sur la *chevelure*,
le *noyau* et la *queue* des comètes.

Parmi ceux de ces astres qui ont été observés
jusqu'ici, un grand nombre n'ont pas de queue,
plusieurs ne présentent point de noyau apparent;
mais tous se montrent enveloppés de cette nébulosité à laquelle on a donné le nom de *chevelure*.

La matière qui compose cette nébulosité est
si rare, si diaphane, qu'elle laisse passer les lumières les plus faibles, et qu'on aperçoit au travers les étoiles les plus petites.

Dans les comètes qui ont un noyau, les parties
de la chevelure, qui avoisinent ce noyau, sont
ordinairement rares, diaphanes et peu lumineuses. Mais, à une certaine distance du noyau, la
nébulosité s'éclaire subitement, de manière à
former comme un anneau lumineux autour de
la comète. On a vu quelquefois deux et jusqu'à
trois de ces anneaux concentriques, séparés par
des intervalles obscurs. On comprend du reste,
que ce qui paraît être un anneau circulaire en
projection, doit être, en réalité, une enveloppe
sphérique.

Lorsque la comète a une queue, l'anneau a la
forme d'un demi-cercle dont la convexité est
tournée du côté du soleil, et des extrémités duquel partent les rayons les plus écartés de la
queue.

L'anneau de la comète de 1811, avait 10,000
lieues d'épaisseur : il était éloigné du noyau de
12,000 lieues. Les comètes de 1807 et de 1799
avaient aussi des anneaux de 12,000 et de 8,000
lieues d'épaisseur.

Nous avons dit qu'il existe des comètes sans
noyau apparent; ce ne sont, sans aucun doute
que des globes de matières gazeuses; mais il en
est beaucoup qui présentent des noyaux assez
semblables aux planètes, par la forme et l'éclat.
Ces noyaux sont ordinairement très petits; quel-

quefois cependant ils ont de grandes dimensions,
et on en a mesuré qui avaient depuis 11 jusqu'à
1089 lieues de diamètre.

Quelques astronomes ont cherché à prouver,
en s'appuyant sur différentes observations, que
le noyau des comètes est toujours diaphane, ou,
en d'autres termes, que les comètes ne sont que
de simples amas de matières gazeuses. Mais, outre
que les observations citées à l'appui de cette opinion, ne prouvent rien en faveur des termes
absolus dans lesquels elle est exprimée, elles
sont en opposition formelle avec d'autres observations non moins dignes de confiance; et de
la dicussion de ces observations diverses, il paraît résulter qu'il existe des comètes qui n'ont
point de noyau, des comètes dont le noyau est
peut-être diaphane, et, enfin, des comètes très
brillantes dont le noyau est probablement solide
et opaque.

Quant aux queues des comètes, la science
possède bien peu de données certaines à leur
égard.

Ces traînées lumineuses sont ordinairement
placées derrière la comète, à l'opposite du soleil; mais quelquefois elles s'écartent plus ou
moins de cette position. On a trouvé qu'en général la queue incline vers la région que la comète vient de quitter. C'est peut-être là un effet

de la résistance de l'Éther, résistance qui agit plus fortement sur la matière gazeuse de la queue que sur le noyau. Cette hypotèse acquerra un nouveau degré de probabilité, si l'on remarque que la déviation est d'autant plus grande qu'on s'éloigne davantage de la tête. Dans ce système, la courbure qu'affecte quelquefois la queue serait le résultat de ces différences de déviation, et cette explication s'adapterait assez bien à cette circonstance, que la convexité de la courbure est toujours tournée du côté de la région vers laquelle la comète s'avance. La différence de densité et d'éclat de la matière nébuleuse et de la queue, la forme de celle-ci, mieux terminée du côté vers lequel le mouvement s'opère, toutes ces circonstances et quelques autres que les observations ont fait connaître, trouveraient également dans cette hypotèse une explication naturelle.

La queue de la comète s'élargit à mesure qu'elle s'éloigne de la tête, et la région mitoyenne en est ordinairement occupée par une bande obscure, que l'on a pris pour l'ombre du corps de la comète. Mais cette explication ne s'adapte pas à tous les cas, quelle que soit la situation de la queue relativement au soleil. Le phénomène s'explique mieux en supposant que la queue est un cône creux, dont l'enveloppe a une certaine

épaisseur. On conçoit, en effet, que si les choses
sont ainsi, l'œil doit rencontrer , en regardant
les bords du cône; une plus grande quantité de
particules nébuleuses, qu'en regardant la région
centrale ; or , comme l'intensité de la lumière
est en raison du nombre de ces particules, l'existence des bandes lumineuses et de l'intervalle
comparativement obscur s'explique avec facilité.

On voit quelquefois des comètes à plusieurs
queues. Celle de 1744, par exemple , le 7 et le
8 mars , en avait jusqu'à six , parfaitement dis-
tinctes et séparées entre elles par des espaces
obscurs.

La queue des comètes a quelquefois des dimensions énormes. On en a vu, telles que celles de
1680 , de 1769 et de 1618 , qui atteignaient le
zénith , que leurs queues touchaient encore à
l'horizon. On a évalué celle de la comète de
1680 à plus de quarante-un millions de lieues.

Mais qu'est-ce que la queue des comètes? Comment se forme-t-elle? Quelles sont les causes qui
en modifient les formes de tant de manières ?
Quelles sont celles qui donnent naissance à la
chevelure et aux enveloppes concentriques dont
elle est quelquefois formée? Ces questions n'ont
point encore été résolues d'une manière satisfaisante.

La nébulosité des comètes semble au premier

coup d'œil ne pouvoir être qu'un amas de vapeurs dégagées du noyau par l'action du soleil ; mais cette explication si simple ne rend point compte de la formation des enveloppes concentriques, de la position variable de la chevelure, relativement au soleil, de l'augmentation et de la diminution de son volume, etc.

Il y a cependant sur ce dernier point des notions acquises. Hévélius avait avancé que la nébulosité augmente de diamètre à mesure qu'elle s'éloigne du soleil, et Newton avait expliqué ce résultat en disant que la queue des comètes, se formant aux dépens de la chevelure, celle-ci doit diminuer de volume à mesure qu'elle s'approche du soleil, et réciproquement augmenter en dimension après le passage au périhélie, lorsque la queue lui rend la matière qu'elle en avait reçue. Cependant il paraissait difficile d'admettre qu'une masse gazeuse se dilatât à mesure qu'elle s'éloignait du soleil, pour passer dans des régions plus froides, et l'importante remarque d'Hévélius obtint peu de faveur jusqu'au moment où la comète à courte durée vint lui donner une éclatante confirmation.

Képler pensait que la formation de la queue des comètes était le résultat de l'impulsion des rayons solaires qui détachaient et dispersaient au loin les parties les plus légères de la nébulosité. Pour que cette explication fut admissible, il faudrait prouver que les rayons solaires sont doués d'une force d'impulsion ; or, les expériences les plus délicates n'en ont pas accusé de sensible ; et, cette force d'impulsion admise, il resterait encore à dire pourquoi la queue n'est pas toujours située à l'opposite du soleil ; pourquoi il y en a quelquefois plusieurs faisant entre elles de si grands angles ; pourquoi elles se forment et s'évanouissent en si peu de temps; pourquoi quelques-unes sont animées d'un mouvement de rotation très rapide ; pourquoi, enfin, il y a des comètes dont la chevelure semble très déliée, très légère, et qui cependant ne présentent point de queue.

On a proposé sur cette matière une foule d'autres systèmes plus ou moins ingénieux, mais qui tous viennent échouer contre l'explication des phénomènes.

Les comètes sont-elles lumineuses par elles-mêmes, ou ne réfléchissent-elles, comme les planètes, qu'une lumière d'emprunt ? Cette importante question n'a point encore reçu une solution complète; mais il existe plusieurs moyens de la résoudre. Si l'observation venait à découvrir dans les comètes le phénomène des phases, toute incertitude disparaîtrait. A défaut de phases, les phénomènes de la polarisation pourront conduire au même résultat. Enfin, voici une troisième méthode dont l'application, dès qu'elle pourra en être faite, levera probablement tous les doutes.

Soit un point lumineux par lui-même et sans dimensions sensibles, qui lance tout autour de lui dans l'espace des particules lumineuses. Si l'on reçoit, à la distance de 1 mètre, par exemple, ces particules lumineuses sur la surface d'une sphère de 1 mètre de rayon, elles y seront uniformément réparties. Si on les reçoit à la distance de 2,3....100 mètres, les sphères auront 2,3....100 mètres de rayon, et les molécules lumineuses s'y répartiront uniformément, mais s'écarteront les unes des autres dans la proportion de l'agrandissement des surfaces des sphères. Or, la géométrie démontre que les surfaces des sphères croissent proportionnellement aux carrés des rayons; l'écartement des particules lumineuses sera donc également proportionnel aux carrés des rayons, ou, en d'autres termes, aux carrés des distances auxqu'elles les molécules lumineuses sont reçues. Et comme l'intensité de la lumière qui éclaire un objet est en raison du nombre des rayons lumineux qui viennent le frapper, on arrive à cette loi que *l'intensité éclairante d'un point diminue proportionnellement aux carrés des distances.*

Nous avons supposé, dans ce que nous venons de dire, un point lumineux sans dimension sensible; donnons lui maintenant quelque étendue.

Il est évident que chaque point de cette surface éclairante projettera, comme le point isolé dont nous parlions tout à l'heure, une lumière qui s'affaiblira en raison inverse du carré des distances. Seulement, le nombre des points lumineux étant augmenté, la quantité totale de lumière émise sera plus grande, d'où cette conséquence qu'à distances égales l'intensité de la lumière est proportionnelle au nombre des points éclairants.

Nous sommes donc arrivés à ce double résultat que la *propriété éclairante* d'une surface lumineuse est, d'une part, proportionnelle à son étendue, et, de l'autre, en raison inverse du carré des distances.

La conséquence de cette loi, c'est que *l'intensité* d'une surface lumineuse doit paraître la même, à quelque distance que la surface se transporte, pourvu qu'elle soustende toujours un angle sensible.

Pour que cette conséquence ne paraisse pas, au premier coup d'œil, contradictoire avec la loi d'où nous l'avons déduite, remarquons qu'il s'agit dans le second cas, de *l'intensité* d'une surface lumineuse, et, dans le premier, de sa *propriété éclairante.*

Quand on veut comparer, non la propriété éclairante, mais l'intensité lumineuse de deux surfaces, il faut prendre dans chacune d'elles deux portions égales, et voir quelle est la plus brillante. Cela posé, je dis que si, deux surfaces lumineuses étant données, on en laisse voir à l'œil, par des ouvertures égales, des portions de mêmes dimensions, et que ces deux portions paraissent avoir la même intensité, il en sera encore ainsi lorsqu'on transportera l'une des surfaces à une plus grande distance, pourvu toutes fois que l'ouverture par laquelle on en voit une partie paraisse toujours remplie.

En effet, si, d'une part, chaque point lumineux envoie à l'œil un nombre de rayons qui est en raison inverse du carré des distances, de l'autre, le nombre de points lumineux que l'œil découvre à travers la même ouverture s'accroit dans la même proportion. L'intensité de la portion visible de la surface lumineuse n'aura donc pas changé. Le soleil, par exemple, vu d'Uranus, paraît un cercle de 100 secondes. Eh bien ! découpons sur le soleil, au moyen d'un écran percé d'un trou, une surface circulaire de 100 secondes, et nous aurons en grandeur et en éclat le soleil d'Uranus.

Voyons maintenant quel usage on peut faire de ces principes pour la solution de la question que nous avons en vue, savoir, si les comètes sont ou ne sont point lumineuses par elles-mêmes.

Cette question revient pour nous à celle-ci : de quelle manière une comète cesse-t-elle d'être visible ? si sa disposition est un effet de la diminution excessive de ses dimensions et non de l'affaiblissement de sa lumière, l'astre est lumineux par lui-même : mais si, la comète ayant encore de grandes dimensions, sa lumière s'affaiblit graduellement et finit par s'éteindre, cette lumière, sans aucun doute, était empruntée.

Les observations faites jusqu'à présent semblent prouver que cette dernière cause de disparition est la véritable, et conséquemment que les comètes ne réfléchissent qu'une lumière d'emprunt.

Cette conséquence pourrait toute fois n'être pas rigoureuse. Il est aujourd'hui prouvé, nous l'avons lu plus haut, que la nébulosité des comètes va se dilatant à mesure que l'astre s'éloigne du soleil. Ne pourrait il pas se faire que cette dilatation progressive produisit un affaiblissement, graduel de la lumière ? Il faudra donc désormais tenir compte de cette cause d'affaiblissement, et démontrer qu'elle est insuffisante pour expliquer la disposition des comètes. Cette complication

du problème ne saurait offrir de grandes difficultés.

A l'astronomie cométaire se rattachent quelques
questions que nous allons successivement examiner.

*Les comètes ont-elles une influence sensible
sur le cours des saisons?*

A cette question, les préventions populaires
ont déjà répondu d'une manière affirmative,
armées d'exemples où la belle comète de 1811
et l'abondante récolte qui la suivit ne sont point
oubliées. Peu de mots nous suffiront pour dissiper cette erreur. Parlons d'abord des faits, les
considérations théoriques viendront après.

On a recherché, en consultant les observations
thermométriques qui se font plusieurs fois par
jour dans les observatoires, si les températures
moyennes des années fécondes en comètes sont
plus élevées que celles des autres années : on n'a
point trouvé de différences sensibles.

Le résultat de ces observations est d'accord
avec les données de la théorie. Par quel genre
d'action, en effet, les comètes pourraient elles
modifier notre température? Ces astres ne peuvent agir à distance sur la terre que par voie
d'attraction, par les rayons lumineux et calorifiques qu'ils lancent et par la matière gazeuse de
leur queue qui pourrait se répandre dans notre
atmosphère.

La force attractive des comètes pourrait bien, si elle avait assez d'intensité, déterminer des marées analogues à celles que la lune produit ; mais on ne voit pas comment il pourrait en résulter une élévation de température.

Les rayons lumineux et calorifiques que les comètes lancent ou réfléchissent ne seraient pas non plus capables d'amener ce résultat, car ils ont beaucoup moins d'intensité que ceux que la lune nous envoie et qui, concentrés au foyer des plus grandes lentilles, ne produisent point d'effet sensible.

Enfin, l'introduction dans l'atmosphère terrestre d'une partie de la queue des comètes ne peut pas non plus être assignée comme la cause de l'élévation de température qu'on attribue à ces astres, puisque la queue de la comète de 1811, par exemple, qui avait 41 millions de lieues, n'atteignit jamais la terre qui s'en trouva toujours à plusieurs millions de lieues.

Est-il possible qu'une comète vienne choquer la terre ou toute autre planète?

Les comètes se meuvent dans toutes les directions et parcourent des ellipses extrêmement allongés qui traversent notre système solaire et coupent les orbites des planètes. Il n'y aurait donc pas impossibilité qu'elles rencontrassent quelques uns de ces astres, et le choc de la terre par une comète est rigoureusement possible.

Mais il est en même temps excessivement improbable.

L'évidence de cette proposition sera complète, si l'on compare au petit volume de la terre et des comètes l'immensité de l'espace dans lequel ces globes se meuvent. Le calcul des probabilités fournit le moyen d'évaluer numériquement les chances d'une pareille rencontre, et il montre qu'il n'y en a qu'une sur 281 millions ; c'est-à-dire, qu'à l'apparition d'une comète inconnue, il y a 281 millions à parier contre un, qu'elle ne viendra pas choquer notre globe. On voit qu'il serait ridicule à l'homme, pendant les quelques années qu'il a à passer sur le terre, de se préoccuper d'un pareil danger.

Du reste, les effets de ce choc seraient effroyables. Si la terre était heurtée de manière que son mouvement de translation fut anéanti, tout ce qui n'est pas adhérent à sa surface, comme les animaux, les eaux, etc., partirait avec une vitesse de sept lieues par seconde. Si le choc ne faisait que rallentir le mouvement de rotation, les mers s'élanceraient de leurs bassins, l'équateur et les pôles seraient changés..... Mais laissons l'auteur de la mécanique céleste peindre lui-même ces terribles effets. « L'axe et le mouvement de rotation changés, les mers abandonnant leurs anciennes positions pour se précipiter vers le nouvel équateur, une grande partie des hommes et des animaux noyés dans ce déluge universel, ou détruits par la violente secousse imprimée au globe terrestre; des espèces entières anéanties; tous les mouvements de l'industrie humaine renversés : tels sont les désastres que le choc d'une comète a dû produire. On voit alors pourquoi l'Océan a recouvert de hautes montagnes, sur lesquelles il a laissé les marques incontestables de son séjour; on voit comment les animaux et les plantes du midi ont pu exister dans les climats du nord, où l'on retrouve leurs dépouilles et leurs empreintes; enfin, on explique la nouveauté du monde moral, dont les monuments ne remontent guère au-delà de 5000 ans. L'espèce humaine, réduite à un petit nombre d'individus et à l'état le plus déplorable, uniquement occupée, pendant très longtemps, du soin de se conserver, a dû perdre entièrement le souvenir des sciences et des arts; et quand les progrès de la civilisation eurent fait sentir de nouveau ses besoins, il a fallu tout recommencer, comme si les hommes eussent été placés nouvellement sur la terre. »

Notre globe a-t-il jamais été heurté par une comète, comme le pense l'auteur que nous venons de citer?

Des hommes d'un grand savoir ont prétendu

que l'axe de rotation de la terre n'a pas toujours été le même. Ils ont appuyé cette opinion sur des considérations tirées de ce que les divers degrés mesurés sur chaque méridien, entre le pôle et l'équateur, combinés deux à deux, ne donnent pas tous la même valeur pour l'aplatissement des pôles. Ils ont vu, dans la différence de ces résultats, la preuve que la terre, au temps où elle prit, liquide encore, sa sphéricité, ne tournait pas sur le même axe de rotation qu'aujourd'hui.

Mais il est aisé de reconnaître qu'un changement d'axe ne peut être la cause des discordances que présentent les valeurs des degrés fournies par l'observation, avec celles qui résultent d'une certaine hypothèse d'aplatissement; car ce désaccord ne suit point une marche régulière et graduelle, mais capricieuse et sans lois. C'est le résultat d'attractions locales, d'accidents géologiques, qu'on sait aujourd'hui pouvoir exister aussi bien dans les plaines que dans le voisinage des montagnes.

Mais passons à d'autres considérations.

Si l'on imprime un mouvement de rotation à un corps sphérique et homogène, librement suspendu dans l'espace, son axe de rotation reste perpétuellement invariable. Si ce corps a une toute autre forme, son axe de rotation peut changer à chaque instant, et cette multitude d'axes, autour desquels il n'exécute qu'une partie de sa révolution, sont appelés les *axes instantanés de rotation*. Enfin, la géométrie démontre que tout corps, quelles que soient sa figure et ses variations de densité d'une région à l'autre, peut tourner d'une manière constante et invariable autour de trois axes perpendiculaires entre eux et passant par son centre de gravité. On les appelle les *axes principaux de rotation*.

Cela posé, demandons-nous si l'axe autour duquel la terre exécute sa révolution, est un *axe instantané* ou un *axe principal*. Au premier cas, l'axe changera à chaque instant et l'équateur éprouvera des déplacements correspondants. Les latitudes terrestres, qui ne sont autre chose que les distances angulaires des divers lieux à l'équateur, varieront également. Or, les observations de latitude, qui se font avec une exactitude extrême, n'accusent aucun changement de ce genre, les latitudes terrestres sont constantes; la terre tourne donc autour d'un *axe principal*.

Il est aisé de tirer delà la preuve qu'une comète n'est jamais venue heurter la terre, car l'effet de ce choc eut été de remplacer l'axe principal par un axe instantané, et les latitudes terrestres seraient aujourd'hui soumises à des variations continuelles, que les observations ne signalent pas : à la vérité, il ne serait pas mathématiquement impossible que l'effet d'un choc eut été de substituer à un axe instantané un axe principal, mais ce cas est si improbable qu'il n'atténue guère la force de la démonstration.

Nous avons supposé, dans ce que nous venons de dire, que la terre est un corps entièrement solide. Mais son centre pourrait être encore liquide, comme on le croit assez généralement aujourd'hui. Pourrait-on, dans ce dernier cas, déduire, avec la même certitude, de la constance des latitudes terrestres, la conséquence que la terre n'a jamais été heurtée par une comète ?

Nous ne le pensons pas; car, après le choc, dont l'effet immédiat aurait été de précipiter violemment vers le nouvel équateur une partie de la masse liquide interne, qui n'aurait pu s'y loger qu'en brisant la croûte solide de la terre, le déplacement continuel de l'axe instantané entraînant une déformation incessante de la masse fluide, il ne serait pas impossible que le résultat des frottements continuels du liquide contre la coque solide, eut été d'amener une diminution graduelle dans la longueur de la courbe décrite par les extrémités des axes instantanés, et, par conséquent, à la longue, un mouvement de rotation autour d'un axe principal.

La terre peut-elle passer dans la queue d'une comète, et quelles seraient pour nous les conséquences de cet événement?

Les comètes ont, en général, très peu de densité : elles doivent donc attirer très faiblement la matière qui forme leurs queues, puisque l'attraction s'exerce proportionnellement aux masses.

Or, on conçoit sans peine que la terre, dont la masse est ordinairement beaucoup plus considérable que celle des comètes, puisse attirer à elle et amener dans son atmosphère une portion de la queue de ces astres, surtout si l'on songe que *les parties extrêmes* de la queue sont quelquefois à des distances énormes de la tête.

Quant aux conséquences de l'introduction dans notre atmosphère d'un nouvel élément gazeux, elles dépendraient de la nature et de l'abondance de la matière, et pourraient être la destruction partielle ou totale des animaux. Mais la science n'a encore eu à enregistrer aucun événement de ce genre, et la liaison que beaucoup d'esprits ont cherché à établir entre l'apparition des comètes et les révolutions du monde physique et moral ne repose sur aucun fondement.

Les brouillards secs de 1783 et de 1831 sont-ils des matières détachées des queues de quelques comètes?

Le brouillard de 1783 dura un mois. Il commença à peu près le même jour dans des lieux fort éloignés les uns des autres. Il s'étendait depuis le nord de l'Afrique jusqu'en Suède. Il occupait aussi une grande partie de l'Amérique Septentrionale, mais il ne s'étendait pas en mer. Il s'élevait au-dessus des plus hautes montagnes. Le vent ne paraissait pas être son véhicule, et les pluies les plus abondantes, les vents les plus forts ne purent le dissiper. Il répandait une odeur désagréable, était très sec, n'affectait nullement l'hygromètre, et possédait une propriété phosphorescente.

Voilà les faits : on a voulu les expliquer en supposant que ce brouillard était la queue d'une comète. Mais, s'il en est ainsi, pourquoi n'a-t-on jamais aperçu la tête de l'astre, car le brouillard n'était pas tellement épais qu'on ne pût voir chaque nuit les étoiles? L'objection est fondamentale et ruine par sa base l'hypothèse proposée.

Cette explication est encore moins applicable au brouillard de 1831, qui offrit tant de ressemblance avec celui de 1783; car ce brouillard n'ayant pas occupé toute la surface de l'Europe, l'invisibilité de la comète serait encore plus surprenante. D'ailleurs tous les points du globe compris entre les parallèles auraient dû être successivement recouverts par l'effet du mouvement

de rotation, et cependant le brouillard finissait
à cinquante lieues des côtes.

L'origine de ces brouillards extraordinaires
peut trouver une explication plus satisfaisante
dans les révolutions intérieures dont notre globe
est souvent agité. En 1783, l'année même du
brouillard, la Calabre fut bouleversée par d'effroyables tremblements de terre, qui enseveli-
rent plus de 40,000 habitants; le mont Hécla,
en Islande, fit une des plus grandes éruptions
dont on ait conservé la mémoire; de nouveaux
volcans sortirent du sein de la mer, etc.

Serait-il donc bien difficile d'admettre que
des matières gazeuses, d'une nature inconnue,
fussent sorties des entrailles de la terre, déchirée
par ces violentes commotions, et cette explication ne s'adapterait-elle pas à cette circonstance
remarquable, qu'en pleine mer le brouillard
n'existait pas? Mais nous ne voulions qu'indiquer
ici une des hypothèses à l'aide desquelles il serait possible d'expliquer l'origine des brouillards
secs, sans recourir à l'immersion de la terre
dans la queue d'une comète.

. Il existe sur la côte occidentale de l'Afrique
quelque chose de semblable au phénomène qui
nous occupe. C'est un brouillard sec et périodique, amené par un vent appelé *harmatan*,
qui fait craquer les meubles et courber les re-

liures des livres, qui dessèche les plantes et exerce sur le corps humain une influence non moins fâcheuse. Ce brouillard ne s'étend pas non plus en mer. On ignore la cause qui le produit.

La lune a-t-elle jamais été choquée par une comète?

Nous avons vu que ce satellite tourne sur lui-même dans un terme précisément égal à celui qu'il emploie à faire sa révolution autour de la terre. On explique l'isochronisme de ces mouvements en disant qu'au temps où la lune, encore fluide, tendait à prendre la forme qui correspondait à son mouvement de rotation, l'attraction de notre globe l'allongea, et que son grand axe se dirigea vers le centre de la terre.

Or, si une comète avait jamais heurté la lune, ce choc aurait rompu l'harmonie qui existe entre les mouvements de rotation et de révolution, et par conséquent écarté le grand axe lunaire de la ligne dirigée vers le centre de la terre. Ce grand axe exécuterait donc, comme une pendule, des mouvements oscillatoires autour de notre globe; mais rien de cela n'existant, on en doit conclure que le choc de la lune par une comète n'a jamais eu lieu.

La lune a-t-elle été autrefois une comète?

Les Arcadiens, au rapport de Lucien et

d'Ovide, se croyaient plus anciens que la lune. Leurs ancêtres, disaient-ils, avaient habité la terre avant que la lune existât. Cette singulière tradition a fait demander si la lune ne serait pas une ancienne comète qui, passant dans le voisinage de la terre, serait devenue son satellite.

Il n'y a rien là d'impossible ; mais les considérations dont on a voulu corroborer cette opinion n'ont pas la moindre valeur. Comme la comète lune, pour devenir satellite de la terre, aurait dû avoir une courte distance périhélie, on a voulu voir, dans l'aspect brûlé de ses hautes montagnes, les traces de la chaleur énorme qu'elle a dû éprouver en passant aussi près du soleil. C'est là une confusion de mots. Il est bien vrai que des apparences d'anciens bouleversements volcaniques donnent à quelques points de la surface de la lune un aspect brûlé ; mais rien ne peut indiquer aujourd'hui quelle température elle a éprouvée autrefois.

Au reste, les partisans de l'opinion que nous exposons ici auront de la peine à expliquer pourquoi la lune n'a pas d'atmosphère sensible, tandis que toutes les comètes qu'on a vues jusqu'à ce jour se présentent avec une enveloppe gazeuse. Si la lune est une ancienne comète, qu'a-t-elle fait de sa chevelure ?

Serait-il possible que la terre devînt le satel-

lite d'une comète, et, dans le cas de l'affirma-
tive, quel sort nous serait réservé ?

Pour qu'une comète puisse s'emparer de la terre et en faire son satellite, il suffit de lui donner une masse assez considérable et de la faire passer assez près de nous. Elle enlèvera, sans aucun doute, notre globe à l'attraction du soleil, et l'emportera avec elle dans sa révolution autour de cet astre. Mais la grande masse qu'il faut supposer à la comète, et la faible distance où elle devrait passer de la terre, rendent cet événement fort peu probable.

Cependant, puisque la chose peut rigoureusement arriver, examinons quel serait, dans cette hypothèse, le sort des habitants de la terre. Notre globe éprouverait-il, comme on l'a souvent répété, les températures extrêmes? Serait-il tour à tour vitrifié, vaporisé, congelé? Deviendrait-il inhabitable, et toutes les espèces animales et végétales qu'il porte seraient-elles anéanties?

Supposons, pour répondre à ces questions, que la terre devienne le satellite d'une comète qui s'approche et s'éloigne beaucoup du soleil, de la comète de 1680, si l'on veut.

Cette comète, faisant sa révolution en 575 ans, parcourt une ellipse dont le grand axe est 138 fois plus grand que la distance moyenne de la

terre au soleil. Sa distance périhélie est extrêmement courte. Newton a calculé qu'à son passage au périhélie, le 8 décembre 1680, elle dut
éprouver une chaleur 28,000 fois plus grande que
celle que la terre reçoit en été : il l'a évaluée à
2000 fois celle du fer rouge.

Mais ce résultat ne saurait être admis. Pour
résoudre le problème que s'était proposé Newton, il faudrait connaître l'état de là superficie
et de l'atmosphère de la comète de 1680. Il y a
plus : à la place de la comète, mettons notre
globe lui-même, et le problème ne sera pas encore résolu. Sans doute *la terre éprouvera d'a-*
bord une température 28,000 fois plus forte que
celle de l'été ; mais bientôt toutes les masses liquides qui la recouvrent se transformant en vapeurs, produiront d'épaisses couches de nuages
qui atténueront l'action du soleil dans une proportion impossible à fixer numériquement.

Sera-t-il plus facile de déterminer la température de notre globe, lorsqu'il aura accompagné la comète à son aphélie ? En ne considérant
que les rapports de distance, la terre devrait être
alors 19,000 fois moins échauffée qu'elle ne l'est
en été, c'est-à-dire que, ne recevant du soleil
aucune chaleur appréciable, elle ne devrait plus
posséder que celle, non encore dissipée, dont elle
se serait imprégnée au périhélie, et si elle avait

perdu toute cette chaleur, elle devrait être à la température de l'espace environnant, laquelle ne peut descendre au-dessous de 50°, d'après les ingénieuses considérations de Fourier.

Or, l'expérience prouve que l'homme peut supporter des froids de 49° à 50° centigrades au-dessous de zéro, et une chaleur de 130°, lorsqu'il est placé dans certaines circonstances hygrométriques. Rien ne prouve donc que, dans l'hypothèse où la terre deviendrait le satellite d'une comète, l'espèce humaine serait anéantie par des influences thermométriques.

Ces considérations sur les limites entre lesquelles peuvent osciller les températures des globes célestes sont de nature à rendre leur *habitabilité* moins problématique aux yeux des personnes qui conçoivent difficilement l'existence d'êtres formés dans un système d'organisation totalement différent du nôtre.

Le déluge a-t-il été occasionné par une comète ?

Il n'est plus permis de douter aujourd'hui que notre globe n'ait été plusieurs fois bouleversé par d'effroyables révolutions, ni que les eaux de la mer aient envahi et abandonné les continents à plusieurs reprises. Pour expliquer ces effrayants cataclismes, on a fait intervenir les comètes. Examinons ces explications.

Whiston en proposa une qu'il avait adoptée
à toutes les circonstances du déluge de Noé décrites par la génèse. Il suppose, et cette supposition n'a rien d'inadmisible, que la comète de
1680 était dans le voisinage de la terre quand le
déluge arriva. Il fait de la terre une ancienne
comète, à laquelle il donne un noyau solide et
deux orbes concentriques, le plus voisin du centre formé d'un fluide pesant, et le second composé d'eau ; sur ce dernier repose la croûte
solide sur laquelle nous marchons.

Cela posé, il place, à l'époque du déluge, la
comète de 1680 à 3000 ou 4000 lieues seulement
de la terre. Cet astre, exerçant, à raison de sa
grande proximité, une puissante attraction sur
les liquides intérieurs, produisit une immense
marée qui rompit la croûte solide et précipita la
masse liquide sur les continents. Voilà *la rupture des fontaines du grand abime.*

Quant à *l'ouverture des cataractes du ciel,*
comme Whiston ne pouvait pas la voir dans les
pluies ordinaires qui, pendant quarante jours lui
auraient donné de trop faibles résultats, il la
trouva dans l'atmosphère et dans la queue de
sa comète, lesquelles répandirent sur notre globe
assez de vapeurs aqueuses pour alimenter les
pluies les plus violentes.

Cette théorie, qui a joui long-temps d'une

grande célébrité, ne soutient pas un examen approfondi.

Nous ne parlerons pas de la constitution que Whiston donne à la terre et que la géologie n'adopte pas aujourd'hui. Nous nous bornerons à remarquer que ses suppositions gratuites sur la proximité et la masse de la comète de 1680 ne suffisent pas à l'explication des phénomènes.

En effet, le mouvement de cet astre devant être extrêmement rapide, son attraction ne s'exerçait pas assez long-temps sur les divers points auxquels il correspondait, pour déterminer l'immense marée dont nous avons parlé.

D'ailleurs cette fameuse comète passa près de la terre le 21 novembre 1680, et il est démontré qu'à l'époque du déluge sa distance n'était pas moindre. Cependant elle ne *rompit pas les fontaines du grand abime*, elle *n'ouvrait pas les cataractes du ciel*. Les explications de Whiston sont donc inadmissibles.

Halley, qui a embrassé la question d'une manière plus générale, a cherché à expliquer la présence des productions marines loin des mers et sur les plus hautes montages, a l'aide du choc de la terre par une comète.

Nous avons déjà examiné la question de savoir si un pareil choc a jamais eu lieu. Nous ajouterons ici qu'en supposant pour un moment l'affir-

mative; on chercherait vainement dans les effets
d'une semblable rencontre une explication satisfaisante des phénomènes observés. La stratifi-
cation des dépôts marins, l'étendue et la régularité des bancs, leurs positions, l'état de conservation parfaite des coquilles les plus délicates,
les plus fragiles ; tout exclut l'idée d'un trans-
port violent ; tout démontre que le dépôt s'est
fait sur place.

L'explication de ces phénomènes n'offre plus de
difficulté depuis que la science s'est enrichie des
grandes vues de M. Elie de Beaumont sur la formation des montagnes par voie de soulèvement.

*Les divers points de notre globe ont-ils changé
subitement de latidude par le choc d'une comète?*

On trouve dans toutes les régions de l'Europe
des ossements de rhinocéros, d'éléphants et d'autres aimaux qui ne pourraient pas vivre aujour-
d'hui sous ces latitudes. Il faut donc supposer,
ou que l'Europe a éprouvé un refroidissement
considérable, ou que, dans l'une des violentes
commotions dont notre globe offre les traces,
ces ossements ont été entraînés par des courants
dirigés du midi au nord.

Mais ces hypothèses ne sauraient s'adapter à
l'explication de deux découvertes modernes qui
ont beaucoup occupé les savants. On trouva,
en 1771, sur les bords du Wilhoui, en Sibérie,

à quelques pieds de profondeur, un rhinocéros dans un état de conservation parfaite; ses chairs, sa peau n'étaient nullement endommagées. Quelques années plus tard, en 1799, on découvrit près de l'embouchure du Léna, sur les bords de la mer glaciale, un grand éléphant, renfermé dans un massif de boue congelée, et si bien conservé que les chiens en mangeaient la chair.

Comment expliquer la présence de ces deux grands animaux dans des régions si éloignées de celles où ils vivent? Ici l'intervention des courants n'est plus admissible, car si ces animaux n'avaient pas été saisis par la gelée immédiatement, après leur mort, la putréfaction les aurait décomposés. Ils ont donc dû vivre dans les lieux où on les a trouvés. Ainsi, d'une part, la Sibérie a dû avoir autrefois une température élevée, puisque les éléphants et les rhinocéros y vivaient; de l'autre, la catastrophe dans laquelle ces animaux périrent, a dû rendre subitement cette région glacée.

De ces déductions au choc de la terre par une comète, il n'y a plus qu'un pas, car nous ne connaissons que cette cause qui soit capable de produire un changement subit et tranché dans les latitudes de notre globe.

Cette explication est-elle admissible? Nous ne le pensons pas.

Et d'abord est-il établi que l'éléphant du Léna, le rhinocéros du Wilhoui n'aient pas pu vivre sous le climat actuel de la Sibérie. Il est permis d'en douter; car ces animaux, d'ailleurs semblables de forme et de grandeur à ceux qui habitent aujourd'hui l'Afrique et l'Asie, s'en distinguaient par une circonstance très digne de remarque; ils portaient une espèce de fourrure. La peau du rhinocéros était hérissée de poils raides de 7 à 8 centimètres de long, et celle de l'éléphant était couverte de crins noirs et d'une laine rougeâtre; son cou était garni d'une longue crinière : particularités remarquables et qui portent à croire que ces animaux étaient nés pour vivre dans les régions septentrionales.

Du reste, un voyageur célébre a constaté récemment que le tigre royal, qui appartient aux pays les plus chauds, vit encore aujourd'hui en Asie à de très hautes latitudes ; qu'il s'avance en été jusqu'à la pente occidentale de l'Altaï. Pourquoi notre éléphant à fourrure n'aurait-il pas pu se transporter, durant l'été, jusqu'en Sibérie? Or, là un accident fort ordinaire, un éboulement, par exemple, a suffi pour l'ensevelir sous des couches congelées, capables de le préserver de toute putréfaction. Car, sous ces latitudes, la terre à une profondeur de douze à quinze pieds, reste éternellement gelée.

Il n'est donc nullement nécessaire, pour se rendre compte des découvertes du Léna et du Wilhoui, de recourir au choc de la terre par une comète. D'un autre côté, cette supposition que nous avons reconnue ailleurs être inadmissible, n'expliquerait rien ici. Car si l'on veut à toute force que la Sibérie ait été autrefois dans le voisinage de l'Équateur, il faut nécessairement admettre qu'elle était alors recouverte d'un renflement liquide de plus de 5 lieues d'épaisseur, produit par le mouvement rotatoire de la terre; et où placer alors notre rhinocéros et notre éléphant?

M. Élie de Beaumont a rattaché ingénieusement la solution du problème soulevé par la découverte des éléphants de Sibérie à son système sur la formation des montagnes. Il suppose que le Tian-Chan s'étant soulevé en hiver, dans un pays dont les vallées nourissaient des éléphants et dont les montagnes étaient couvertes de neige, les vapeurs chaudes, sorties du sein de la terre au moment de la convulsion, ont fondu en partie cette neige et produit un grand courant d'air à la température de zéro degrés. Ce courant, entraînant avec lui les cadavres des animaux qui se trouvaient sur son passage, les a portés en huit jours, sans que la putréfaction put s'en emparer, dans les parages de la Sibérie, où la gelée les a saisis aussitôt.

*

Quelle est la cause de la dépression du sol que présente une grande partie de l'Asie? Est-ce le choc d'une comète?

Il y a en Asie une vaste région de 18,000 lieues carrées, occupées en grande partie par la mer Caspienne, et où l'on trouve des villes populeuses, qui offre une dépression de 100 mètres au-dessous du niveau de la mer Noire et de l'Océan.

Pour expliquer cet énorme affaissement de toute une contrée, on a eu recours, comme en tant d'autres circonstances, au choc d'une comète qui aurait heurté la terre en cet endroit.

Cette explication, proposée par Halley est abandonnée aujourd'hui. La terre, nous l'avons vu, n'a jamais été rencontrée par une comète. et le phénomène géographique que nous discutons, s'explique sans cette supposition.

C'est une opinion généralement admise aujourd'hui que les montagnes se sont formées par voie de soulèvement, qu'elles sont sorties du sein de la terre, en perçant violemment sa croûte. Or, la conséquence nécessaire d'un soulèvement est la production d'un vide sous les terrains environnants, et la possibilité de leur affaissement ultérieur.

Jetons les yeux sur la carte géographique; nous verrons que l'Asie est plus riche en masses soulevées qu'aucune autre partie du monde, et qu'autour de la région déprimée dont nous avons parlé, s'élèvent une foule de grandes chaînes, l'Iran, l'Hymalaya, le Kuen-Lun, le Thian-Chan, le Caucase, les montagnes de l'Arménie, celles d'Erzerum, etc. Pourquoi donc le soulèvement de ces grandes masses n'aurait-il pas déterminé un affaissement correspondant des terrains intermédiaires ?

Cette explication paraîtra plus plausible encore, si nous ajoutons que, dans les régions dont il s'agit, le sol n'est point arrivé à un état de complète stabilité, et que le fond de la mer Caspienne, par exemple, offre des alternatives de dépression et d'exhaussement.]

DOUZIÈME LEÇON.

DES ÉCLIPSES.

Comme les comètes, les éclipses étaient autrefois un objet de frayeur populaire, mais tout le
monde sait aujourd'hui que ces phénomènes sont
une conséquence des lois de la nature, et qu'on
les prédit avec autant d'exactitude que la succession du jour et de la nuit.

ÉCLIPSES DE LUNE.

La terre étant un corps opaque et rond, le
soleil n'en peut éclairer à la fois qu'une partie,
d'où il suit qu'elle projette une ombre à l'opposite de cet astre. Quelle est la forme de cette
ombre ? quelles sont ses dimensions ? Si le soleil
et la terre étaient de même grandeur, l'ombre
serait cylindrique et d'une étendue infinie ; mais
comme la terre est beaucoup plus petite que le

soleil, l'ombre qu'elle projette forme un cône assez long pour atteindre la lune, mais qui ne l'est pas assez pour arriver jusqu'à Mars ; on a calculé que ce cône a 300,000 lieues. Sur les côtés du cône sont des ombres moins épaisses, formées par l'interception d'une partie seulement des rayons du soleil, et dont l'intensité décroît à mesure qu'elles s'éloignent de l'ombre conique. Cette teinte intermédiaire, entre la lumière et l'ombre pure, a reçu le nom de *pénombre*. Pour en déterminer les limites, il faut tirer des lignes, qui, partant des bords du soleil, vont, après s'être croisées, raser la surface de la terre. Ces lignes prolongées forment un cône tronqué, qui est celui de la pénombre. Ainsi soit (fig. 2. pl. 4,), S le soleil et E la terre. Le cône d'ombre *a b f* se termine en *f*, point où les rayons partis des bords du soleil se rencontrent, après avoir rasé la terre ; et le cône tronqué *a b c d* est celui que forme la pénombre.

Lors donc que la terre viendra se placer entre le soleil et la lune, celle-ci devra être couverte d'obscurité, et il y aura éclipse de lune. L'éclipse sera *totale* ou *partielle*, selon que cet astre se prolongera entièrement ou en partie dans le cône d'ombre. Elle sera *centrale*, si le centre de la lune coïncide exactement avec celui de l'ombre terrestre.

Si le plan dans lequel se meut la lune n'était
pas incliné sur l'écliptique, cet astre s'éclipserait
à toutes les pleines lunes ; mais comme l'orbe
qu'elle décrit coupe l'écliptique, suivant la ligne
des nœuds, elle prend, relativement à ce plan,
diverses positions. Si, lors de son opposition,
elle est éloignée des nœuds, elle effleurera l'ombre terrestre, sans y pénétrer, et c'est ce qui
arrive le plus souvent, mais si la ligne qui joint
les centres du soleil, de la terre et de la lune,
est droite ou à peu près, ce qui a lieu quand ce
dernier astre est dans les nœuds ou dans leur
voisinage, il y aura éclipse.

Pour exprimer l'étendue de l'éclipse, on suppose la lune divisée en douze zones égales et
parallèles, qu'on appelle doigts. Ainsi, quand il
y a le tiers ou la moitié du disque éclipsé, on
dit que l'éclipse est de quatre ou de six doigts.
Si l'éclipse est totale, et que le diamètre de
l'ombre soit plus grand que celui de la lune, on
dit que l'éclipse est de plus de douze doigts ; et
le nombre des doigts se détermine proportionnellement.

Toutes les éclipses de lune, complètes ou visibles dans toutes les parties de la terre qui ont la
lune au-dessus de l'horizon, sont partout de la
même grandeur, ont le même commencement
et la même fin. C'est toujours le côté oriental

du disque de la lune qui s'immerge le premier, c'est-à-dire le côté gauche, quand on regarde du nord.

La lune, en s'approchant du cône d'ombre, perd insensiblement, de son éclat, parce qu'elle entre alors dans la pénombre, dont nous avons vu que l'intensité augmente graduellement jusqu'aux côtés de l'ombre conique. Arrivée dans cette ombre, elle n'y disparaît pas ordinairement tout-à-fait, même quand l'éclipse est totale, parce qu'elle reçoit quelques rayons lumineux qui viennent, par voie de réfraction, l'éclairer dans le cône d'ombre. Cependant on l'a vue quelquefois disparaître complétement, lorsque l'atmosphère, chargée de nuages, ne lui envoyait plus de rayons réfractés.

Nous avons déjà dit que les éclipses de lune sont visibles de tous les points de la terre qui ont la lune sur l'horizon, et qu'elles ont pour tous ces points la même étendue ; mais nous devons ajouter que le temps où on les voit, varie suivant la longitude, ce qui peut fournir un moyen de déterminer la longitude du lieu où l'on se trouve. Les éclipses de lune n'excédent jamais deux heures, mais elles peuvent être moins longues.

ÉCLISPSES DE SOLEIL.

Lorsque la lune vient s'interposer entre le soleil et la terre, le premier de ces astres est éclipsé. L'éclipse est *partielle*, quand la lune ne cache qu'une partie du disque du soleil; elle est *totale*, lorsqu'elle le couvre tout entier; elle est *annulaire*, lorsque le soleil, masqué par la lune, la déborde tout autour sous la forme d'un anneau lumineux; enfin, elle est *centrale*, lorsque l'observateur se trouve sur le prolongement de la ligne qui joint les centres de la lune et du soleil.

La lune ayant à peu près la même figure que la terre, son ombre et sa pénombre se forment de la même manière; seulement comme elle est beaucoup plus petite, le cône de son ombre ne peut jamais recouvrir qu'une partie de la surface de la terre. Chacun sait, en effet, qu'une éclipse de soleil n'a jamais lieu en même temps pour toute la terre, et il est facile de voir que telle éclipse de soleil, qui sera totale pour un lieu, pourra être invisible dans un autre, quoique ce dernier ait le soleil au-dessus de l'horizon. Seulement, comme la lune passe devant tous les points du disque solaire, elle le cache successivement pour diverses parties de la terre, dans le sens de son mouvement d'occident en orient. Dans la plupart des éclipses solaires, le disque de la lune est couvert d'une lumière légère qui provient de la réflexion due à la partie éclairée de la terre.

Le diamètre apparent de la lune, quand il est à son maximum, n'excède le diamètre minimum du soleil que de 1′ 38″. Ainsi la plus longue éclipse totale de soleil qui puisse arriver ne durera jamais plus de temps qu'il n'en faut à la lune pour parcourir 1′ 38″ de degré, c'est-à-dire, environ 3′ 13″ de temps.

Comme les éclipses lunaires, les éclipses de soleil s'estiment en doigts.

Voici comment se passe le phénomène général des éclipses. Soit (fig. 4, pl 4), S le soleil, YY la terre, M la lune, et AMP l'orbite de celle-ci. Si nous tirons les lignes W c e et V d e, l'espace obscure c d e, compris entre les lignes, sera le cône d'ombre de la lune : les lignes W d h et V c g déterminent les limites de la pénombre a b c d g h. Cela posé, la lune se meut dans son orbite de l'ouest à l'est, comme de M à P. Un observateur, placé en b, verra le limbe est de la lune d toucher le limbe ouest du soleil W, et l'éclipse commencera pour lui. Mais au même moment le bord ouest de la lune en c quitte le côté ouest du soleil en V, et l'éclipse finit pour l'observateur placé en a : il y a donc éclipse du soleil pour tous les points intermédiaires entre *a* et *b*. Mais il est évident, d'après la figure, que le soleil n'est totalement éclipsé que pour une petite partie de la terre, à la fois, puisqu'il n'y a que l'extrémité du cône d'ombre qui atteigne le globe terrestre.

Le retour des éclipses ne se fait qu'après un intervalle de temps assez long. Elles ne peuvent arriver qu'aux syzygies : la révolution synodique des nœuds ne s'accomplissant qu'en 346^j 14^h $52'$ $16''$, elle se trouve avec la révolution synodique de la lune dans un rapport d'à peu près 223 à 19. Après une période de 223 lunaisons, le soleil et la lune se retrouveront donc dans la même position par rapport au nœud lunaire. Cette remarque sert à prédire le retour des éclipses. Le calcul a démontré qu'il avait lieu environ tous les 18 ans et demi.

Comme les éclipses totales de soleil sont fort rares, on ne lira peut-être pas sans intérêt la description suivante, faite à Halley par un de ses amis.

« Je vous envoie, suivant ma promesse, les observations que j'ai faites sur l'éclipse solaire, bien que je craigne qu'elles ne vous soient pas très utiles. Dépourvu d'instruments nécessaires pour mesurer le temps, je ne m'étais proposé que d'examiner le tableau que la nature présente dans une circonstance aussi remarquable, tableau qui a généralement été négligé, ou du moins mal étudié. Je choisis pour lieu d'observation un endroit appelé Haradow-Hill, à deux milles d'Amsbury, et à l'est de l'avenue de Stonehenge, à laquelle il sert de point de vue. En face se trouve la plaine où est situé cet édifice célèbre sur lequel je savais que se dirigerait l'éclipse. J'avais en outre l'avantage d'une perspective très étendue en tous sens, attendu que j'étais sur la colline la plus élevée des environs, et la plus voisine du centre de l'ombre. A l'ouest, au-delà de Stonchenge, est une autre colline assez escarpée, semblable au sommet d'un cône, qui s'élève au-dessus de l'horizon; c'est Claye-Hill, lieu voisin de Westminster, et situé près de la ligne centrale de l'obscurité qui devait partir de ce point, de manière que je pouvais être prévenu assez à temps de son approche. J'avais avec moi Abraham Sturgis et Etienne Ewens, tous deux habitants du pays et gens d'esprit. Le ciel, quoique couvert de nuages, laissait percer çà et là des rayons de soleil qui me permettaient de voir autour de nous. Mes deux compagnons regardaient par des verres noircis, tandis que je prenais quelques relèvements du pays. Il était cinq heures et demie à ma montre, quand on m'avertit que l'éclipse était commencée. Nous en suivîmes en conséquence le progrès à l'œil nu, attendu que les nuages faisaient l'office de verres colorés. Au moment où le soleil était à moitié couvert, il présentait à sa circonférence un arc-en-ciel circulaire très sensible, avec des couleurs parfaites. A mesure que l'obscurité croissait, nous voyions de toutes parts les bergers qui se hâtaient de faire rentrer leurs troupeaux dans le parc; car ils s'attendaient à une éclipse totale d'une heure et un quart de durée.

» Quand le soleil prit l'aspect d'une nouvelle lune, le ciel était assez clair; mais il se couvrit bientôt d'un nuage plus épais. L'arc-en-ciel s'évanouit alors; la colline escarpée dont nous avons parlé devint *très obscure; et des deux côtés*, c'est-à-dire, au nord et au sud, l'horizon prit une teinte bleue analogue à celle qu'il présente dans l'été, au déclin du jour. A peine eûmes-nous le temps de compter jusqu'à dix, que le clocher de Salisbury, qui est situé à six milles au sud, fut plongé dans les ténèbres. La colline disparut entièrement, et la nuit la plus sombre se répandit autour de nous. Nous perdîmes de vue le soleil dont nous avions pu jusque là distinguer la place parmi les nuages, mais dont nous ne trouvions pas plus de trace que s'il n'eût pas existé. Ma montre, que je ne pus voir que difficilement à l'aide de quelque lumière qui nous venait du nord, marquait 6 heures 35 minutes. Peu auparavant la voûte du ciel et la surface de la terre avaient pris une teinte livide, à proprement parler, car c'était un mélange de noir et de bleu, si ce n'est que le dernier dominait sur la terre et à l'horizon. Il y avait aussi beaucoup de noir entremêlé dans les nuages, de manière que l'ensemble présentait un tableau effrayant, et qui semblait annoncer la décadence de la nature.

» Nous étions maintenant enveloppés d'une obscurité totale et palpable, si je puis l'appeler ainsi. Elle vint vite, mais j'étais si attentif que je pus en apercevoir le progrès. Elle nous fit l'effet d'une pluie, et tomba sur l'épaule gauche, (nous regardions à l'ouest) comme un grand manteau noir ou une couverture de lit qu'on eût jeté sur nous, ou un rideau qu'on eût tiré de ce côté. Les chevaux que nous tenions par la bride, y furent très sensibles et se serraient près de nous, saisis d'une grande surprise. Autant que je pus le voir, le visage de mes voisins avait un aspect horrible. En ce moment je regardai autour de moi, non sans pousser des cris d'admiration. Je distinguais des couleurs dans le soleil, mais la terre avait perdu son bleu et était entièrement noire. Quelques rayons sillonnèrent les nues pendant un moment; mais immédiatement après le ciel et la terre parurent tout-à-fait

noirs. C'était le spectacle le plus effrayant que
j'eusse vu de ma vie.

» Au nord-ouest du lieu d'où venait l'éclipse,
il me fut impossible de faire la moindre distinc-
tion entre le ciel et la terre, dans une largeur
d'environ soixante degrés ou plus. Nous cher-
chions en vain la ville d'Amsbury, qui était située au-dessous de nous : à peine si nous voyions
la terre qui nous portait. Je me tournai plusieurs fois pendant cette obscurité totale, et je
remarquai qu'à une bonne distance à l'ouest,
l'horizon était parfait des deux côtés, c'est-à-
dire, au nord et au sud; la terre était noire, et
la partie inférieure du ciel claire; l'obscurité,
qui s'étendait jusqu'à l'horizon dans ces parties,
faisait sur nos têtes l'effet d'un dais orné de
franges d'une couleur plus légère; de manière
que les bords supérieurs de toutes les collines,
que je reconnaissais parfaitement à leur forme
et à leur profil, formaient une ligne noire. Je
vis parfaitement que l'intervalle de lumière et
de ténèbres que l'horizon présentait au nord
était entre Mortinsol et Sainte-Anne; mais au
sud il était moins défini. Je ne veux pas dire que
la ligne de l'ombre passait entre ces collines qui
étaient à douze milles de nous; mais aussi loin
que je pus distinguer l'horizon, il n'y en avait
pas du tout derrière. En voici la raison: l'élé-

vation du terrain sur lequel j'étais me permit de
voir la lumière du ciel au-delà de l'ombre ;
néanmoins cette ligne de lumière que je voyais
jaunâtre et verdâtre, était plus large au nord
qu'au sud, où elle présentait une couleur de tan.
Il faisait à cette époque trop noir derrière nous,
c'est-à-dire à l'est, en tirant vers Londres, pour
que je pusse voir les collines situées au-delà
d'Andoves ; car l'extrémité antérieure de l'ombre dépassait cet endroit. L'horizon se trouvait
donc alors divisé en quatres parties qui diffé-
raient entre elles d'étendue, de lumière et d'obscurité. La plus large et la plus noire était au
nord-ouest, et la plus longue et la plus claire
au sud-ouest. Tout le changement que je pus
apercevoir pendant toute la durée du phénomène, fut que l'horizon se divisa en deux parties,
l'une claire, l'autre obscure. L'hémisphère sep-
tentrional acquit encore plus de longueur, de
clarté et de largeur, et les deux parties opposées
se réunirent.

» Ainsi que l'avait fait l'ombre au commencement, la lumière partit du nord et se fit sentir
sur notre épaule droite. Je ne pus à la vérité
distinguer de ce côté ni lumière ni ombre défi-
nie, sur la terre que j'observais avec attention,
mais il était évident qu'elle ne revenait que peu
à peu en faisant des oscillations; elle rebroussait

un peu, se portait rapidement plus loin, jusqu'à ce qu'enfin, au premier point brillant qui parut dans le ciel, à l'endroit où se trouvait le soleil, je distinguai assez clairement un bord de lumière, qui nous effleura le côté pendant assez long-temps, ou nous rasa les coudes de l'ouest à l'est. Ayant donc bonne raison de supposer l'éclipse terminée pour nous, je regardai à ma montre, et trouvai que l'aiguille avait parcouru trois minutes et demie. Le sommet des collines reprit alors sa couleur naturelle, et je vis un horizon à l'endroit où se trouvait auparavant le centre de l'obscurité. Mes compagnons s'écrièrent qu'ils revoyaient le coteau escarpé sur lequel ils avaient porté des yeux attentifs. Il resta, à la vérité, encore noir au sud-est; mais je ne veux pas dire que l'horizon fut toujours difficile à découvrir. Nous entendîmes immédiatement les alouettes qui célébraient, par leur chant, le retour de la lumière, après que tout eût été enseveli dans un silence profond et universel. Le ciel et la terre parurent alors comme le matin, avant le lever du soleil. Le premier prit une teinte grisâtre entremêlée d'un peu plus de bleu, la seconde, aussi loin que ma vue put s'étendre, en prit une vert foncé ou rousse.

» Aussitôt que le soleil parut, les nuages s'é-

paissirent, et la lumière n'en devint guère plus
vive, pendant une ou plusieurs minutes, ainsi
que cela arrive dans une matinée nuageuse qui
avance lentement. A l'instant où l'éclipse a été
totale, jusqu'au moment de l'émersion du soleil,
nous vîmes distinctement Vénus, mais aucune
autre étoile. Nous aperçûmes en ce moment le
clocher de Salisbury. Les nuages ne se dissipant
pas, nous ne pûmes pousser plus loin nos observations ; cependant ils s'éclaircirent beaucoup
sur le soir. Je me suis hâté de venir à la maison
écrire cette lettre. Ce spectacle a fait sur mon
esprit une telle impression que je pourrais long-
temps en décrire toutes les circonstances avec la
même précision qu'aujourd'hui. Après souper,
j'en ai fait le dessin d'après mon imagination,
sur le même papier où j'avais auparavant tiré
une vue de pays.

» Je vous avoue que j'étais, en Angleterre, je
crois, le seul qui ne regrettât pas la présence des
nuages : elle ajoutait beaucoup à la solennité du
spectacle, incomparablement supérieur, selon
moi, à celui de 1715, que je vis parfaitement du
haut du clocher de Boston en Lincolnshire, où
l'air était très pur. Ici, à la vérité, je vis les deux
côtés de l'ombre venir de loin, et passer à une
grande distance derrière nous; mais cette éclipse
avait beaucoup de variété, et inspirait plus de

terreur; en sorte que je ne peux que me féliciter
d'avoir eu l'occasion de voir d'une manière si
différente ces deux rares accidents de la nature.
Cependant j'aurais volontiers renoncé à ce plaisir pour l'avantage plus précieux de concourir
à la perfection de la théorie des corps célestes,
dont vous venez de donner au monde un exemple de calcul si exact. Notre seul vœu eût été de
pouvoir ajouter à votre gloire, qui, je n'en doute
pas, ne se serait point démentie dans cette circonstance. »

TREIZIÈME LEÇON.

DES MARÉES.

Le phénomène des marées trouve naturellement ici son explication. *On a émis une foule
d'hypothèses sur la cause de ces fluctuations régulières et périodiques de l'Océan*, et quoique
leur relation avec les mouvements de la lune ait
été remarquée dès la plus haute antiquité, c'est
Képler qui reconnut le premier que l'attraction
exercée par cet astre est la cause qui les produit. Newton fit voir ensuite que cette opinion
est en harmonie avec les lois de la gravitation,
et déduisant les conséquences du principe posé
par Képler, il expliqua comment les marées se
forment sur les deux côtés de la terre opposés à
la lune. Cette théorie est aujourd'hui au-dessus
de toute contestation.

Les eaux de la mer jouissent d'une mobilité
qui les fait céder aux plus légères impressions ;

l'Océan est ouvert de toutes parts, et les grandes mers communiquent entre elles : ces circonstances contribuent à la production des marées, qui ont principalement pour cause l'action combinée du soleil et de la lune.

Considérons d'abord l'action de la lune. Il est évident que c'est l'inégalité de cette action qui produit les marées, et qu'il n'y en aurait pas si la lune agissait d'une manière uniforme sur toute l'étendue de l'Océan, c'est-à-dire, si elle imprimait des forces égales et parallèles au centre de gravité de la terre et à toutes les molécules de la mer ; car alors le système entier du globe étant animé d'un mouvement commun, l'équilibre de toutes les parties serait maintenu. Cet équilibre n'est donc troublé que par l'inégalité et le non parallélisme des attractions exercées par la lune. On conçoit, en effet, que son action, oblique sur les mollécules de la mer qui sont en quadrature avec elle, et directe sur celles qui lui répondent en ligne droite, rend les premières plus pesantes et les dernières plus légères. Il faut donc, pour que l'équilibre se rétablisse, que les eaux s'élèvent sous la lune ; afin que la différence de poids soit compensée par une plus grande hauteur. Les molécules de la mer situées dans le point correspondant de l'hémisphère opposé, moins attirés par la lune que le centre de la terre, à cause de leur plus grande distance, se porteront moins vers cet astre que le centre de la terre, celui-ci tendra donc à s'écarter des molécules, qui seront dès-lors à une plus grande distance de ce centre, et qui seront encore soutenues à cette hauteur par l'augmentation de pesanteur des colonnes placées en quadrature, et qui communiquent avec elles.

Rendons ceci sensible par une figure. Soit (fig. 1, pl. 5), A B C D E F G H, la terre, et M la lune. L'attraction s'exerçant en raison inverse du carré des distances, les eaux situées en Z seront plus fortement attirées que celles placées en B et en F, dont la direction oblique se décompose. Les eaux en Z devront donc s'élever. D'un autre côté, le centre de la terre O, plus voisin de la lune que les eaux qui sont en N, sera plus puissamment attiré qu'elles; il s'approchera donc davantage de la lune, ou, en d'autres termes, s'éloignera des eaux situées en N, lesquelles seront encore soutenues par les molécules plus pesantes des quadratures; nous disons plus pesantes, car l'attraction oblique de la lune se décompose et augmente leur pesanteur. En effet, les eaux situées en B et en F, sollicitées par cette force oblique, tendent à se rapprocher de O. Il suit de là qu'il se formera sur la terre deux ménisques d'eaux, l'un du côté de la lune

en Z, l'autre du côté opposé en N, ce qui donnera à la terre la forme d'un sphéroïde allongé,
dont le grand axe passera par le centre de la
terre et par celui de la lune. On voit par là qu'il
n'y aurait, dans chaque lieu, que deux élévations des eaux par mois; si la terre n'avait pas
un mouvement de rotation. Voyons quelle complication ce mouvement apporte au phénomène.

Par le mouvement de la terre sur son axe, la
partie la plus élevée de l'eau est portée au-delà
de la lune dans la direction de la rotation; mais
l'eau obéit encore à l'attraction qu'elle a reçue,
et continue à s'élever après qu'elle a quitté sa
position directe sous la lune, quoique l'action
immédiate de cet astre ne soit plus aussi forte.
L'eau n'atteint ainsi sa plus grande élévation
qu'après que la lune a cessé d'être au méridien
du lieu où elle se trouve. Dans les mers ouvertes, où les eaux coulent librement, la lune est
en p, quand les plus hautes eaux sont en Z et
en N. On conçoit, en effet, que, quand même
l'attraction de l'astre aurait entièrement cessé
après sa sortie du méridien, le mouvement d'ascension, communiqué aux eaux, continuerait
encore quelque temps à les élever; à plus forte
raison, cet effet doit-il avoir lieu quand l'attraction ne fait que diminuer.

D'un autre côté, quand la lune élève les eaux en Z et en N, elles les abaisse en B et en F ; car elles ne peuvent monter dans un lieu sans descendre dans un autre ; et réciproquement, elle les abaisse en N et Z, quand elles les élève en F et en B. Mais, en vertu du mouvement de rotation de la terre, la lune passe tous les jours au méridien supérieur et au méridien inférieur de chaque lieu, elle y produira donc deux élévations et deux dépressions des eaux, ce qui a lieu effectivement.

Nous n'avons jusqu'ici considéré que l'action isolée de la lune. Voyons comment celle du soleil se combine avec elle.

La force attractive, exercée par le soleil sur la terre, est de beaucoup supérieure à celle que déploie la lune ; mais comme la distance où se trouve le premier de ces astres est à peu près quatre cents fois plus grande que celle où est le second, les forces déployées par l'un sur les différentes parties de notre planète se rapprochent beaucoup plus du parallélisme, et, par conséquent, de l'égalité que celles de l'autre. Et comme nous avons vu que ce n'est que l'inégalité d'action de la lune qui fait les marées, l'action du soleil, beaucoup plus égale, doit être moins propre à produire le même effet. On a calculé que son influence est d'environ deux fois et demie plus faible que celle de la lune. Mais elle est pourtant assez intense pour produire un flux et un reflux; de sorte qu'il y a en réalité deux marées, une lunaire et l'autre solaire, dont les effets s'ajoutent ou se retranchent l'un de l'autre, suivant la direction des forces qui les produisent. Ainsi, quand la lune est pleine ou nouvelle, c'est-à-dire dans les sizygies (fig. 2, pl. 5), les deux autres se trouvent dans le même méridien, leurs efforts concourrent, et l'effet doit être le plus grand possible. Quand, au contraire, la lune est en quadrature (fig. 3), elle tend à élever les eaux que le soleil tend à abaisser, et réciproquement, de façon que, les efforts des deux astres se combattant, l'effet doit être le plus faible possible.

Il suit de là que la mer devrait être pleine à l'instant où la force résultante des attractions du soleil et de la lune y est parvenue à sa plus grande intensité; mais nous avons déjà vu qu'il n'en est pas ainsi. En effet, les jours de la nouvelle lune, où les deux astres exercent leur action suivant une même direction, l'instant de la plus grande intensité de cette action est celui de leur passage simultané au méridien, ou celui de midi. Cependant la mer n'est ordinairement pleine que quelque temps après midi. L'expérience a fait connaître que la marée qui a lieu

les jours de nouvelle lune est celle qui a été produite 36 heures auparavant par l'action du soleil
et de la lune; on a remarqué de plus qu'à cette
époque la pleine mer arrive toujours à la même
heure. On en a conclu que l'intervalle de temps
dont le moment de la pleine mer suit l'instant
où les deux astres exercent leur plus grande action, est constamment le même. La seconde conséquence que l'on a tirée de ces deux faits, c'est
que l'action de la force du soleil et de la lune se
fait sentir dans les ports et sur les côtes par la
communication successive des ondes et des courants. Nous avons dit que les jours de la nouvelle
ou de la pleine lune, l'instant où les deux astres
exercent la plus grande action est celui du passage de la lune au méridien; il en est de même
lors du premier et du dernier quartier. Les autres jours, cet instant précède quelquefois le
passage, et d'autres fois il le suit; mais il ne s'en
écarte jamais beaucoup, parce que la force attractive de la lune est, comme nous avons dit,
beaucoup plus grande que celle du soleil. Ces
forces et le retard ou l'avance de la marée sur
l'heure du passage de la lune au méridien, varient
suivant que les deux astres s'écartent ou se rapprochent de la terre, suivant que leurs déclinaisons augmentent ou diminuent. Les flux sont les
plus hauts et les reflux sont les plus bas aux temps

*

des équinoxes, en mars et septembre, parce que, à cette époque, toutes les circonstances qui influent sur l'élévation des eaux concourent pour produire le plus grand effet.

Voici maintenant les principales circonstances du phénomène des marées. La mer coule pendant environ 6 heures du sud au nord, en s'enflant par degrés; elle reste à peu près un quart d'heure stationnaire, et se retire du nord au sud pendant 6 autres heures. Après un second repos d'un quart d'heure, elle recommence à couler, et ainsi de suite.

Le temps du flux et du reflux est, terme moyen, d'environ $12_h\ 25'$; c'est la moitié du jour lunaire qui est de $24^h\ 50'$, temps qui s'écoule entre deux retours successifs de la lune au même point du méridien. Ainsi la mer éprouve le flux et le reflux en un lieu, aussi souvent que la lune passe au méridien, soit supérieur, soit inférieur de ce lieu, c'est-à-dire deux fois en $24_h\ 50'$.

Ces lois du flux et du reflux seraient parfaitement d'accord avec les phénomènes, si les eaux de la mer recouvraient toute la surface du globe; il n'en est pas ainsi, et il n'y a guère que la pleine mer qui les présente, tels que nous les avons décrits, parce que l'Océan a assez d'étendue pour que l'action du soleil et de la lune puisse s'y exercer en liberté. Mais ces phénomènes sont nécessairement modifiés dans le voisinage des côtes par la direction des vents, la situation des rivages et une foule d'accidents de terrain.

Les marées se font sentir dans les grandes rivières dont elles refoulent les eaux; elles sont quelquefois sensibles jusqu'à deux cents lieues de l'embouchure.

Les lacs n'éprouvent pas de marées, parce qu'ils sont trop petits pour que la lune y fasse sentir son action d'une manière inégale. Elle passe d'ailleurs si rapidement sur leur surface, que l'équilibre n'aurait pas le temps de se troubler.

Si l'on ne remarque pas non plus de marées dans la Méditerrannée et dans la mer Baltique, c'est que les ouvertures par lesquelles ces deux grands lacs communiquent avec l'Océan sont si étroites, qu'ils ne peuvent, dans un temps si court, recevoir assez d'eau pour que leur niveau en soit sensiblement élevé.

Dans les îles des Indes occidentales les marées sont fort basses : elles s'élèvent rarement au-dessus de 12 à 15 pouces. Cette anomalie peut paraître d'autant plus remarquable, que ces parages, voisins de l'équateur, doivent être soumis à une force attractive très énergique. Mais on concevra facilement que les eaux ne doivent pas s'élever beaucoup dans le voisinage de ces îles, si l'on songe que, la terre tournant de l'ouest à l'est, le flux se fait en sens contraire, et vient, comme une vague immense, se briser contre la côte de l'Amérique, qui l'arrête là, et l'empêche de passer, avec la lune, dans l'Océan Pacifique. Les vents alisés, d'ailleurs, qui soufflent continuellement de l'est à l'ouest, s'opposent au reflux qui vient du couchant.

Ces deux mêmes causes produisent un effet très remarquable dans la golfe du Mexique. Les vents et les marées poussent continuellement les eaux dans cette vaste cavité, les y accumulent au-dessus du niveau général, et, par leur action incessante, les empêchent de redescendre. Ainsi suspendues et ne pouvant vaincre les forces qui s'opposent à leur retour, ces eaux s'écoulent autour de la côte ouest de Cuba, se dirigent au nord vers la côte d'Amérique, et forment le courant si remarquable du golfe des Florides. Il est si vrai que les eaux s'accumulent dans le golfe du Mexique, qu'on a reconnu en tirant une ligne de niveau à travers l'isthme de Panama, qu'elles s'élèvent de quatorze pieds plus haut que dans la mer Pacifique.

Puisque l'air est doué, plus encore que les eaux, de légèreté et de mobilité, il doit aussi obéir à l'action combinée du soleil et de la lune, et il doit y avoir des marées aériennes. Cependant un fait semble, au premier coup-d'œil, infirmer cette conclusion, c'est que le baromètre n'accuse pas ces élévations et dépressions successives de l'atmosphère. Mais il est facile de comprendre que le baromètre doit, en effet, rester insensible à ces variations, car les colonnes d'air, bien que de hauteurs différentes, doivent avoir partout le même poids, puisque l'effet direct des marées est, comme nous l'avons fait voir, de maintenir l'équilibre en compensant par la hauteur la diminution de la pesanteur.

QUATORZIÈME LEÇON.

DÉTERMINAISON DE LA LONGITUDE ET DE LA LATITUDE.

Pour déterminer la position d'un point sur une surface quelconque, *il faut nécessairement* connaître la distance de ce point à deux lignes fixes; ces deux lignes peuvent être différemment disposées, mais leur situation sur cette surface doit être invariablement fixée. Toutefois, pour la facilité des constructions et du calcul, au lieu de donner à ces lignes une inclinaison quelconque, on les dispose de manière à ce qu'elles forment ensemble un angle droit. Ainsi le *procédé* qui nous servira à fixer la position des différents points de la surface de la terre est absolument le même que celui que nous avons employé *pour* déterminer la position des astres. Il suffit, en effet de connaître le parallèle sur lequel se trouve le point qu'il s'agit de déterminer et sa position sur ce parallèle, c'est-à-dire, la latitude et la longitude de ce point.

Or, la latitude s'obtient en prenant la hauteur du pôle sur l'horizon, car elle est toujours égale à cette hauteur. En effet, si le point C, (fig. 13, pl. 1), est écarté de 30°, par exemple, de l'équateur vers le pôle arctique, son zénith sera CF; le grand cercle HOR sera son horizon; le plan de l'équateur EOZ sera éloigné du zénith F de 30°, et par conséquent distant de l'horizon de 60°. Le pôle P sera élevé de 30°, mesuré par l'angle HCP.

Mais comme il y a dans l'autre hémisphère un cercle qui offre les mêmes circonstances, il faudra indiquer si la latitude est boréale ou australe. La détermination de la longitude offre plus de difficulté. Pour l'obtenir, on mesure, en degrés de l'équateur, la distance qui sépare le méridien du lieu qu'on veut déterminer d'un autre méridien connu. Or cette distance peut toujours s'obtenir avec certitude, pourvu qu'on connaisse l'heure du point où l'on fait l'observation et celle du lieu dont on prend le méridien pour terme de comparaison. En effet, puisque chaque point de la surface de la terre décrit, en vertu du mouvement de rotation dont elle est animée, la circonférence d'un cercle, ou 360°, en 24h, il décrit 15° en 1h, puisque 15 est la vingt-qua-

trième partie de 360. Lors donc que deux points
sont séparés l'un de l'autre par 15° de longitude,
le plus occidental n'a le soleil au méridien
qu'une heure après l'autre, et celui-ci compte
12^h, tandisque l'autre n'a que 11^h du matin. Si
la distance qui sépare les deux points est de 30°,
la différence est de 2^h, et ainsi de suite. Ainsi la
différence des heures étant donnée, rien n'est
plus facile que de connaître la différence des
longitudes, et réciproquement.

Toute la difficulté revient donc à connaître
cette différence des heures. Pour y parvenir, on
a recours à une foule de moyens. Dans l'impossibilité de les faire tous connaître, nous nous
bornerons à parler de quelques uns.

Les temps exacts auxquels les éclipses de lune
et de soleil, les occultations d'étoiles par la
lune, les éclipses des satellites de Jupiter, etc.,
arrivent sous un méridien donné, sont publiés
plusieurs années à l'avance. Supposons qu'un
voyageur, placé à une distance quelconque, à
l'est ou à l'ouest de ce méridien, observe une de
ces éclipses ou occultations, en recourant à ses
tables, il verra l'heure qu'il est au méridien
donné, et la différence de cette heure avec celle
du lieu où il se trouve lui donnera sa longitude.
Toutes les fois que le ciel est serein, on peut
recourir à ces sortes d'observations, les phéno-

mènes qui y donnent lieu étant beaucoup plus nombreux que les jours de l'année : on n'a même pas besoin, pour cela , d'instruments bien puissants ; mais on est gêné, en mer, par le roulis du vaisseau.

Les montres marines , appelées aussi chronomètres ou garde-temps, sont d'un grand secours pour la détermination des longitudes. Semblables aux montres ordinaires, elles sont seulement travaillées avec un soin extrême et sont munies de compensateur', de manière à ce qu'elles conservent dans leur marche la plus grande régularité possible , malgré *les* variations de la température et les secousses inévitables dans un voyage de long cours. On règle la montre au moment du départ , et on la met exactement à l'heure du méridien auquel on veut rapporter sa longitude. On a, par ce moyen, en tout temps la différence d'heures , et partant la longitude, puisqu'on peut toujours , en prenant l'heure du lieu où l'on est, la comparer à celle du premier méridien , donnée par le chronomètre.

On voit que ce dernier moyen de résoudre le problème important des longitudes est si simple et si facile, qu'il serait inutile de jamais recourir à aucun autre, si l'on pouvait toujours compter rigoureusement sur les données du chronomètre. Il n'en est malheureusement pas toujours ainsi.

23

Cependant les progrès de l'industrie moderne ont apporté à la fabrication de ces instruments une perfection qu'on n'aurait pas osé d'abord espérer. On en prendra une idée par le fragment suivant, extrait des *Éléments de philosophie naturelle* : « Qu'il soit permis à l'auteur de ce livre, de faire part au lecteur du plaisir et de la surprise qu'il éprouva après une longue traversée de l'Amérique du sud en Asie. Son chronomètre de poche et ceux qui étaient à bord du navire annoncèrent un matin qu'une langue de terre indiquée sur la carte devait se trouver à cinquante milles à l'est du navire. Qu'on juge du bonheur de l'équipage, lorsqu'une heure après, le brouillard du matin ayant disparu, la vigie donna le cri joyeux de : Terre, terre, en avant, à nous ! confirmant ainsi la prédiction des chronomètres à un mille près, après une distance aussi énorme. Il est permis sans doute, dans un tel moment, de rester pénétré d'une profonde admiration pour le génie de l'homme. Que l'on compare les dangers de l'ancienne navigation avec la marche assurée de nos navires, et qu'on nie, s'il est possible, les immenses avantages de l'industrie moderne ! Si la marche du petit instrument avait été le moins du monde altérée pendant cet espace de quelques mois, sa prédiction eût été plus nuisible qu'utile ; mais, la nuit , comme le jour, pendant le calme comme pendant la tempête, à la chaleur comme au froid , ses pulsations se succédaient avec une uniformité impertubable , tenant, pour ainsi dire , un compte exact des mouvements du ciel et de la terre , et , au milieu des vagues de l'Océan, qui ne retiennent point de traces , il marquait toujours la situation exacte du navire dont le salut lui était confié, la distance qu'il avait parcourue et celle qu'il avait à parcourir. »

Le méridien auquel chaque astronome rapporte ses observations est entièrement arbitraire et varie selon les différents peuples. On s'accorda long-temps à prendre pour point de départ celui de l'île de Fer , la plus occidentale des Canaries ; mais cet usage s'est perdu peu à peu , et chaque peuple prend maintenant celui qui passe par sa capitale.

QUINZIÈME LEÇON.

DE L'ATMOSPHÈRE DANS SES RAPPORTS AVEC L'ASTRONOMIE.

L'atmosphère est cette enveloppe gazeuse qui recouvre notre globe. Avant de rechercher l'influence qu'elle exerce dans l'observation des phénomènes astronomiques, il est bon de nous arrêter un instant à l'examen de quelques-unes de ses propriétés.

Et, d'abord, quelle est la hauteur de l'atmosphère ? Cette question se résout à l'aide de l'un des instruments les plus précieux de la physique, nous voulons parler du baromètre, qui est destiné à mesurer la pesanteur de l'atmosphère. On conçoit, en effet, qu'en portant successivement le baromètre à diverses hauteurs, il doit accuser des différences dans le poids de la colonne d'air aux diverses stations, et une simple proportion suffirait pour donner la hauteur absolue de la couche atmosphérique, si elle avait partout la même densité. Mais les gaz étant extrêmement compressibles, les couches inférieures qni ont à supporter tout le poids des couches supérieures, sont nécessairement plus comprimées, et la densité de la colonne atmosphérique doit aller en diminuant de la surface de la terre aux couches les plus élevées. Il faudra donc, pour obtenir dans la colonne de mercure des diminutions égales, parcourir en montant, des distances d'autant plus grandes qu'on s'élèvera davantage. Le calcul a démontré qu'en supposant la température de l'air partout la même, les hauteurs du mercure diminuent en progression arithmétique, lorsque les élévations au-dessus du niveau de la mer croissent en progression géométrique. Mais il faut, en faisant l'opération, avoir égard à la température et à l'état hygrométrique des différentes couches de l'atmosphère. On a évalué ainsi que sa hauteur moyenne est de 16 à 17 lieues, son volume le 29e de celui du globe, et son poids seulement les 43 millièmes.

Mais qu'y a-t-il au-delà de l'atmosphère? Existe-t-il quelque fluide, ou n'y a-t-il qu'un vide absolu? Nous ne savons pas, en vérité, comment cette question a pu si long-temps occuper les savants, car ce n'en est réellement pas

une. Comment les espaces célestes ne pour-
raient-ils être qu'un vide absolu, puisqu'ils sont
remplis par la lumière? et quelque opinion qu'on
adopte sur la nature de cet agent, que ce soit
une émanation réelle de la substance des corps
lumineux, ou un fluide mis en mouvement par
ces derniers, il est bien évident que, dans l'une
comme dans l'autre hypothèse, le vide absolu
ne saurait exister.

C'est surtout sous le rapport de l'action qu'elle
exerce sur les rayons lumineux qui la traversent,
que l'atmosphère mérite de fixer notre attention.

Nous avons vu, en commençant, les modifications que la lumière éprouve en passant d'un
milieu dans un autre, comment elle se réfracte,
comment ses rayons se décomposent.

C'est à cette propriété de la lumière que nous
devons les nuances variées qui colorent l'horizon
au lever et au coucher du soleil. C'est à elle que
nous devons de ne point passer brusquement du
jour à la nuit, mais d'être conduit avec transi-
tion et ménagement de l'une à l'autre, par le
crépuscule et l'aurore. Ces deux phénomènes
varient suivant la diversité des saisons et des
lieux. On a calculé que, par l'effet de la réfraction de l'atmosphère, le jour ne cesse entièrement pour nous que quand le soleil est descendu
de 18° sous l'horizon.

Un des effets de la réfraction atmosphérique est de faire varier les positions apparentes des astres. En effet, les couches diverses de l'atmosphère, augmentant de densité à mesure qu'elles se rapprochent de la surface de la terre, peuvent être considérées, relativement les unes aux autres, comme des milieux différents. Les rayons lumineux qui les traversent, s'infléchissent donc de plus en plus, en passant de l'une à l'autre; et comme la densité augmente insensiblement, la déviation de la lumière, au lieu de se faire selon des lignes brisées, suit une ligne courbe, dont la concavité est tournée vers la surface terrestre. On concevra maintenant sans peine comment l'effet de cette réfraction est de faire voir les objets au-dessus de leur position réelle : car, puisque nous les plaçons toujours dans la direction rectiligne du rayon au moment où il pénètre dans l'œil, nous les verrons ici sur le prolongement de la tagente qui serait menée à la courbe décrite par le rayon au point où il entre dans l'œil. C'est ainsi que la réfraction augmente les hauteurs apparentes des astres.

DE LA LUNE HORIZONTALE.

C'est ici le lieu d'expliquer un phénomène que présente la lune à l'horizon, et qui est connu sous le nom de lune horizontale. Cet astre affecte alors une forme elliptique , et paraît beaucoup plus grand et moins brillant que lorsqu'il est au méridien.

Et, d'abord, pour commencer par la circonstance la plus facile à expliquer , il est sensible que si l'éclat de la lune est moins vif à l'horizon qu'au méridien , c'est que les rayons lumineux qu'elle nous envoie ont à traverser une couche atmosphérique bien plus épaisse et bien plus dense dans la première de ces positions que dans l'autre, ainsi que le montre la fig. 6, pl. 5. Il n'est donc pas étonnant que ces rayons soient plus faibles et plus décolorés, surtout si l'on songe qu'en rasant la surface de la terre, ils ont à traverser beaucoup de vapeurs.

Quant aux dimensions apparentes du disque de la lune, c'est un phénomène dont l'explication a beaucoup exercé les physiciens. Quelle peut être la cause de cette apparence , puisque la lune est plus éloignée de nous à l'horizon qu'au zénith de tout le demi-diamètre de la terre , différence qui, à vrai dire , est si faible qu'elle ne peut produire sur les dimensions apparentes de cet astre aucun effet sensible ? Gassendi pensait que, comme la lune est moins brillante à l'horizon qu'au méridien, nous ouvrons davantage la pupille en la regardant dans la première situation, et que c'est par cette raison que nous la voyons plus grande. Mais il faudrait, pour que cette conclusion pût s'admettre, que les variations dans l'ouverture de la pupille en amenassent dans les dimensions de l'image dessinée sur la rétine. Or, cette supposition, de tous points contraire aux principes de l'optique, est démentie par les expériences les plus précises. D'autres physiciens ont pensé, avec plus de raison peut-être, que si la lune nous paraît plus grande à l'horizon qu'au méridien, c'est parce que nous la supposons plus éloignée. En effet, disent-ils, il entre deux choses dans l'acte de la vision, l'angle sous lequel nous voyons les objets, et la distance à laquelle nous les supposons. Ce jugement que nous portons, à notre insu, sur la distance, vient corriger l'impression produite par l'image, et cela est si vrai, que nous savons fort bien apprécier la taille de deux hommes, par exemple, bien qu'ils soient à des distances fort inégales de nous, et soient conséquemment vus sous des angles très différents. Une autre expérience est frappante. Si l'on place un objet sur un plan horizontal, et qu'on mette son œil dans le prolongement de ce plan, puis qu'on regarde l'objet de manière à y voir deux images (ce qui sera, si l'on pousse un peu avec le doigt la paupière inférieure), les

deux images seront de grandeurs différentes;
la plus rapprochée sera plus petite que l'autre,
et d'autant plus petite qu'elle se rapprochera
davantage de l'œil. Ce qui prouve que la différence dans la distance des images en met seule
dans leurs dimensions apparentes, c'est que, si
l'on fait l'expérience de manière à avoir les
images sur un plan vertical, on aura beau les
séparer, elles paraîtront toujours aussi grandes
l'une que l'autre. Or, continuent les partisans de
cette explication, la lune, à l'horizon nous paraît occuper la partie inférieure d'une calotte
sphérique, elle nous semble donc plus éloignée
que lorsqu'elle est au sommet de la calotte, c'est-
à-dire au zénith. D'ailleurs, dans la première
situation, sa distance apparente est encore accrue
par la comparaison que fournissent les objets intermédiaires. Ainsi le jugement erroné porté
sur la distance modifie l'impression produite par
l'image, et fait voir l'astre plus grand qu'il ne
devrait être vu.

Telle est l'explication qu'on donne aujour-
d'hui. Mais, sans contester les principes sur lesquels elle repose, nous pensons que si la cause
assignée concourt à produire le phénomène de
la lune horizontale, elle n'est pas la seule, et
qu'il en est une autre dont l'action et les effets
sont bien plus évidents, c'est la réfraction. En

effet, les rayons lumineux, partis des extrémités du disque de la lune, arrivent à l'œil sous un angle agrandi par l'infléchissement que l'atmosphère leur a fait subir les uns vers les autres ; l'astre vu ainsi, par l'effet de la réfraction, sous un angle plus ouvert, doit donc paraître plus grand.

À l'égard de la figure qu'il affecte, c'est encore un effet de la réfraction. La lune, avons-nous dit, prend une forme elliptique, c'est-à-dire que son diamètre vertical est plus petit que son diamètre horizontal. Cela doit être ; car les rayons partis des extrémités du diamètre horizontal, pénétrant dans l'atmosphère sous le même angle, sont également infléchis ; mais il n'en est pas de même des rayons qui viennent des extrémités du diamètre vertical : ceux de l'extrémité supérieure, entrant dans l'atmosphère sous une direction plus oblique que ceux de l'extrémité inférieure, sont plus réfractés, et par conséquent font voir trop haut proportionnellement les parties du disque dont ils émanent. Cette inégalité de réfraction doit donc altérer la figure de la lune.

LUNE D'AUTOMNE ET DU CHASSEUR.

Puisque nous parlons de la lune, nous dirons un mot de deux autres phénomènes qu'elle présente. Deux fois l'année, elle se lève, presque à la même heure, pendant une semaine. Elle prend alors le nom de lune d'automne et de lune du chasseur.

La lune, comme nous l'avons vu, se meut dans son orbite de l'ouest à l'est. Quand donc la terre, par l'effet de son mouvement diurne, revient d'un méridien au même méridien, la lune, qui a parcouru, dans le même sens, un peu plus de la trentième partie de son orbite, se trouve plus avancée de douze degrés et quelques minutes. Du moins, c'est ce qui a lieu quand elle se trouve à l'équateur et dans le voisinage. Mais, dans les hautes latitudes, on trouve de notables différences.

Puisque le plan de la ligne équinoxiale est perpendiculaire à l'axe de rotation de la terre, il est évident que toutes les parties du cercle équinoxial font des angles égaux avec l'horizon, tant à l'est qu'à l'ouest, et qu'il y a toujours, dans des temps égaux, autant de ces parties levées ou couchées. Si donc la lune se mouvait dans le plan équinoxial, et qu'elle devançât chaque jour le soleil de 12° 11', comme elle fait dans son orbite, elle se lèverait et se coucherait chaque jour cinquante minutes plus tard.

Mais son orbite s'écarte beaucoup du plan équinoxial; il se rapproche infiniment plus de celui de l'écliptique, et nous pouvons momentanément les considérer comme confondus. Or, les différentes parties de ce plan, qui est oblique à l'axe de la terre, font avec l'horizon des angles différents, soit à l'est, soit à l'ouest. Les parties qui se lèvent avec les plus petits angles sont celles qui se couchent avec les plus grands, et réciproquement. Dans des temps égaux, quand cet angle est le plus petit, il se lève une plus grande portion de l'écliptique que quand il est plus grand. Ainsi, soit (fig. 4 et 5, pl. 5), L la latitude de Londres, A B l'horizon de ce lieu, F P l'axe du monde, Ee l'équateur, Kk l'écliptique. L'écliptique, par suite de la position oblique de la sphère dans la latitude de Londres a une haute élévation au-dessus de l'horizon, et fait, dans la figure 4. l'angle AVK d'environ 62° $\frac{1}{2}$, quand le signe du Cancer est sur le méridien, pendant que la balance se lève dans l'est. Mais quand l'autre partie de l'écliptique est au-dessus de l'horizon, c'est-à-dire, quand le signe du Capricorne est au méridien et le Bélier se lève à l'est, l'écliptique ne fait avec l'horizon qu'un angle très petit, kVA, (fig. 5), d'environ 15°.

24

c'est-à-dire de 47° ½ plus petit que le premier.

Ainsi, la sphère céleste paraissant tourner autour de l'axe F P, une plus grande partie de l'écliptique se lèvera dans un temps donné. quand elle aura la position de la fig.5, que quand elle aura celle de la fig, 4.

Dans les latitudes nord, c'est quand le Bélier se lève et que la Balance se couche que l'écliptique fait le plus petit angle avec l'horizon; il fait le plus grand angle, au contraire, quand la Balance se lève et que le Bélier se couche. Du lever du Bélier à celui de la Balance, espace qui comprend douze heures sidérales, l'angle augmente; il diminue du coucher de l'un à celui de l'autre. Ainsi, l'écliptique se lève plus vite vers le Bélier et plus lentement vers la Balance.

Mais dans le parallèle de Londres, l'écliptique se lève autant vers les Poissons et le Bélier en deux heures, que l'orbite de la lune en 6^j; pendant qu'elle est dans ces signes, ses levers ne sont retardés que de 2^h en 6^j, c'est-à-dire, terme moyen, de 20' par jour; mais la lune entre, 14^j après, dans les signes de la Vierge et de la Balance, qui sont opposés aux Poissons et au Bélier; et tant qu'elle est dans ces signes, ses levers sont de jour en jour plus tardifs d'environ 1$_h$ 15'. Comme le Taureau, les Gémeaux, le Cancer, le Lion, la Vierge et la Balance se suivent, l'angle formé par l'écliptique avec l'horizon augmente quand ils se lèvent, et diminue quand ils se couchent. Ainsi, les levers de la lune sont de plus en plus tardifs tant qu'elle est dans ces lignes, et ses couchers suivent une marche contraire; puis la différence des levers s'affaiblit de jour en jour dans les six autres signes, le Scorpion, le Sagitaire, le Capricorne, le Verseau, les Poissons, le Bélier.

Mais la lune fait le tour de l'écliptique en 27ᶦ 8ʰ, et met 29ᶦ ½ à revenir au même point, de façon qu'elle est, chaque lunaison dans les Poissons et le Bélier, au moins une fois, et, dans quelques cas, deux fois.

Que si le soleil ne paraissait pas se mouvoir dans l'écliptique en vertu de la translation de la terre, chaque nouvelle lune tomberait dans le même signe, et chaque pleine lune dans le signe opposé, puisque, dans l'intervalle, la lune ferait précisément le tour de l'écliptique. Or, comme la pleine lune se lève en même temps que le soleil se couche, par la raison que quand un point de l'écliptique se couche, le point opposé se lève, elle se lèverait toujours dans les deux heures du coucher du soleil, sous le parallèle de Londres, pendant la semaine où elle est pleine. Mais pendant qu'elle s'éloigne, par rapport à l'écliptique, d'une conjonction ou d'une opposition, le soleil passe au signe suivant en $27^j\frac{1}{7}$. La lune, pendant le même temps, dépasse donc sa révolution, et elle avance beaucoup plus que ne le fait le soleil dans cet intervalle de $2^j\frac{1}{7}$, avant qu'elle puisse rentrer en opposition on en conjonction avec lui. On voit donc qu'il ne peut y avoir, dans un point quelconque de l'écliptique, qu'une seule fois conjonction ou opposition. C'est ainsi que les deux aiguilles d'une horloge ne sont jamais qu'une seule fois, en 12^h, en opposition ou en conjonction dans la partie du cadran qu'elles ont parcourue.

Maintenant, comme la lune n'est pleine que quand elle *est en opposition avec le soleil*, et comme celui-ci n'est dans les signes de la Vierge et de la Balance qu'en automne, la lune ne peut être pleine, dans les signes opposés qui sont les Poissons et le Bélier, que dans ces deux mois. Il ne peut donc y avoir, dans l'année que deux pleines lunes qui se lèvent, pendant une semaine, presque en même temps que le soleil se couche.

Lorsque la lune est dans les Poissons et le Bélier, elle se peut lever presque à la même heure, dans chaque révolution de son orbite; mais ce phénomène passe sans qu'on y fasse toujours attention. Ainsi, en hiver, ces signes se lèvent à midi, et la lune qui est en quadrature, ne se remarque pas. Au printemps, le soleil et la lune sont dans ces signes, il y a conjonction, et celle-ci ne se voit pas. En été, le lever de la lune en quadrature se fait à minuit ; il est donc peu remarqué. Ce n'est qu'en automne, que la lune, qui est pleine, se lève quand le soleil se couche, ce qui rend le phénomène très remarquable.

Ce phénomène est aussi régulier d'un côté de l'équateur que de l'autre. En effet, dans les latitudes sud, les saisons sont opposées à celles des latitudes nord. Ainsi, les pleines lunes du printemps, d'un côté de l'équateur, sont précisément dans les signes des pleines lunes d'automne de l'autre côté.

Réciproquement, au printemps, les pleines lunes présentent à leur coucher le même phénomène que les pleines lunes d'automne présentent à leur lever.

Nous avons supposé jusqu'ici, pour plus de simplicité, que le plan de l'orbe lunaire coïncide avec celui de l'écliptique ; mais nous savons que ces plans font entre eux un angle de 5° à 5° 18′, en se coupant suivant la ligne des nœuds. Or, la lune passe au moins deux fois, et souvent trois fois, dans l'intervalle de deux changements. En effet, comme elle gagne presque un signe d'un changement à l'autre, si elle passe par un nœud à l'époque du changement, ou à peu près, elle peut y revenir, après avoir passé par l'autre, avant le prochain changement. D'ailleurs, au nord de l'écliptique, elle se lève plus tôt et se couche plus tard que si elle se mouvait dans ce plan ; c'est le contraire au sud. Mais le mouvement rétrograde des nœuds fait varier cette différence. Lors, en effet, que le nœud ascendant est dans le Bélier, la moitié de l'orbe lunaire au sud fait avec l'horizon un angle de 5° ½ de moins que celui que l'écliptique fait avec ce plan, lorsque le Bélier se lève dans les latitudes nord : c'est pourquoi dans les Poissons et le Bélier, la lune se lève avec une différence de temps moindre que si elle parcourait le plan de l'écliptique. Mais le nœud descendant atteint à son tour le Bélier, après 9 ans et 114 jours, l'angle que fait l'orbe de la lune avec l'horizon est plus grand de 151° ½, d'où il suit que la lune met plus de temps entre ses levers dans les Poissons et le Bélier, que si elle marchait dans l'écliptique. Ainsi le phénomène de la lune d'automne n'est pas toujours également remarquable ; son intensité varie du maximum au minimum dans une période de neuf ans et demi.

La pleine lune d'hiver est aussi élevée sur l'écliptique que le soleil l'est en été ; elle doit donc rester aussi long-temps sur l'horizon ; et, réciproquement, elle n'y reste pas plus en été que cet astre n'y reste en hiver. Il suit de là que les cercles polaires, qui ont le soleil 24^h sur l'horizon et 24^h sous ce plan, doivent aussi avoir une pleine lune qui reste 24^h levée, et une autre qui reste le même temps sous l'horizon. Mais ces deux pleines lunes sont les seules qui arrivent vers les tropiques, toutes les autres ont un lever et un coucher.

Les pôles ont, comme nous le verrons bientôt, un jour de six mois et une nuit de même durée, si l'on fait toutefois abstraction des modifications que *la réfraction* apporte à cette distribution de la lumière et des ténèbres. Or, comme la pleine lune est toujours en opposition avec le soleil, on ne peut la voir tant qu'il est au-dessus de l'horizon, excepté quand elle est dans la moitié nord de son orbite, car, quand un point de l'écliptique se lève, le point opposé se couche. Ainsi, quand le soleil est au-dessus de l'horizon, la lune, au temps de son opposition, est au-dessous de ce plan ; elle est donc invisible la moitié de l'année. Mais lorsque le soleil est descendu sous l'horizon, les pleines lunes sont visibles dans les lieux qu'il n'éclaire plus. Ainsi les pôles, qui sont privés de la lune en été, c'est-à-dire quand ils ont le soleil, la revoient en hiver, quand le soleil les a quittés. Ils ne sont donc presque jamais dans une grande obscurité, puisqu'il jouissent le plus souvent de la lumière de la lune qui les dédommage de la longue absence du soleil.

SEIZIÈME LEÇON.

DES SAISONS ET DES JOURS.

Nous avons déjà vu que si l'axe de rotation de la terre était perpendiculaire au plan de l'écliptique, les jours et les nuits auraient la même durée dans toutes les parties du globe ; mais l'inclinaison de ces deux plans est de 23° 28'. C'est cette inclinaison qui produit la diversité des saisons et des jours.

Et d'abord il est facile de comprendre la variété que présente, pour les différents points de la terre, le phénomène des jours et des nuits.

A Paris, par exemple, la latitude est d'environ 48°. On aura donc, (fig. 18, pl. 1), pour zénith O Z, H h sera l'horizon, P p la ligne des pôles et E e l'équateur. Quand le soleil S sera dans le plan de l'équateur, il décrira le cercle E e que l'horizon H h divise en deux parties égales, il sera donc aussi long-temps au-dessus qu'au-dessous de ce plan, et les jours seront égaux aux nuits. Mais quand le soleil aura décliné vers le pôle austral de 23° 28', ou qu'il aura atteint le tropique du Capricorne, il décrira le cercle S' M, divisé par l'horison H *h* en deux parties inégales, dont la plus grande est au-dessous de ce plan; les nuits seront donc plus longues que les jours. Enfin, lorsque le soleil aura atteint 23° 28' de déclinaison boréale, il sera dans le tropique du Cancer, décrira le cercle S *n*, et les jours seront plus longs que les nuits.

Voyons maintenant comment le phénomène se passe pour les régions équatoriales. Pour elles le zénith OZ, (fig. 19, pl. 1), coïncide avec le plan équatorial E *e*, et l'horison H *h* avec l'axe des pôles P *p*. Or, le soleil, qu'il soit en S, S' ou S", c'est-à-dire à l'équateur ou aux tropiques, décrit toujours des cercles que l'horizon divise en deux parties égales. Les régions équatoriales ont donc toujours des jours et des nuits d'égale durée.

Les régions polaires, au contraire, (fig. 20, pl. 1), ont la ligne du zénith O Z qui coïncide avec celle des pôles P *p*, et leur horizon H *h* se confond avec l'équateur E *e*. Lorsque le soleil S est dans le plan de l'équateur, il décrit le cercle S H, qui est celui de l'horizon, et la moitié de son disque est au-dessus de ce plan, tandis que l'autre moitié est au-dessous. Mais quand le soleil S″ a atteint le tropique du Cancer, il décrit le cercle S″ N tout entier au-dessus de l'horizon, tandis qu'au tropique du Capricorne il décrit le cercle S′ M, qui est tout entier au-dessous. Les régions polaires ont donc le soleil six mois au-dessus et six mois au-dessous de l'horizon, c'est-à-dire un jour et une nuit de six mois. Pourtant elles ne sont pas, en l'absence du soleil, plongées dans une obscurité profonde; car nous avons déjà vu qu'indépendamment du crépuscule dont elles jouissent jusqu'à ce que le soleil soit descendu d'environ 18° sous l'horizon, la lune vient, pendant l'absence de cet astre, leur dispenser sa lumière. Nous ajouterons que le crépuscule doit être plus intense qu'ailleurs, par le décroissement rapide de la densité de l'air à de petites hauteurs, à cause de la congélation habituelle de la surface du sol, est une des causes qu'on a signalées comme devant produire dans ces régions des réfractions extraordinaires.

Enfin aux cercles polaires, le zénith (fig. 21, pl. 1),coïncide à peu près avec le tropique. Lors donc que le soleil S sera dans le plan de l'équateur et décrira le cercle S E, divisé par l'horizon en deux parties égales, les jours seront aussi longs que les nuits. Mais quand il sera au tropique du cancer, il décrira le cercle S″N, et viendra seulement raser l'horizon de son bord inférieur ; il y aura donc un jour de 24 heures. Quand, au contraire, arrivé au tropique du Capricorne, il parcourra le cercle S′M, il restera 24 heures sous l'horizon, qu'il viendra reulement raser de son Bord supérieur.

Nous avons supposé, dans cette explication, que le soleil tourne autour de la terre, tandis que c'est la terre qui tourne autour du soleil ; mais les choses se passent absolument de la même manière. Toutefois, pour placer à côté de l'explication du phénomène apparent celle du phénomène réel, nous ferons tourner la terre antour du soleil en parlant des saisons.

Soit donc (fig. 22, pl. 1,) S le soleil, T la terre, S T le rayon qui joint le centre du soleil et celui de la terre, c'est-à-dire le rayon vecteur. Ce rayon rencontre la surface de la terre en A. Tous les points situés dans le parallèle A B auront donc successivement le soleil au zénith, à mesure que le mouvement de rotation les amènera en A, et ces régions auront alors l'été. Si le point A est le solstice de cette saison, la parallèle décrit par la rotation de la terre sera le tropique boréal, et dans cette situation, le plan P T S est perpendiculaire à celui de l'écliptique.

Mais, lorsqu'en vertu de son mouvement de

translation, la terre sera parvenue au point directement opposé, c'est-à-dire en T', le rayon vecteur rencontrera la surface terrestre en A', et le parallèle A' B', qui dans la position précédente, recevait les rayons les plus obliques, les recevra à son tour verticalement, et les régions qu'il comprend auront l'été, tandis que celles du tropique opposé seront en hiver. Le plan S T' P', déterminé par la rencontre du rayon vecteur et de l'axe, est encore perpendiculaire à l'écliptique, comme dans le cas précédent; mais l'angle S T P, sous lequel l'axe de la terre et le rayon vecteur se coupent dans la première situation, est aigu, tandis que dans cette position il est obtus, S T' P'. Dans les situations intermédiaires, il est droit. Il va donc en croissant de T en T', et, en décroissant de T' en T.

Enfin, lorsque le rayon vecteur est perpendiculaire à l'axe de la terre aux points t et t', et que le soleil paraît décrire l'équateur, on a les équinoxes, c'est-à-dire le jour égal à la nuit pour toute la terre, et l'on est dans l'automne ou le printemps.

L'espace compris entre les tropiques a reçu le nom de zone torride, parce que les rayons du soleil y tombant presque toujours perpendiculairement, la chaleur y est excessive.

Les régions qui s'étendent des tropiques aux

cercles polaires, jouissant d'une température modérée, s'appellent zones tempérées.

Enfin, les pays inconnus, qui sont compris entre les cercles polaires et les pôles, forment les zones glaciales.

On peut se représenter, par une expérience très simple, comment le mouvement de rotation de la terre et son mouvement de translation combinés produisent les phénomènes des jours et des saisons.

On prend une tige rigide, de fer, par exemple, et on la courbe en cercle, comme le réprésente la fig. 2, pl. 2. Vue de côté, cette tige paraîtra elliptique. Au centre, on place une bougie allumée, puis on attache un fil de soie K au pôle d'un globe terrestre de trois pouces environ de diamètre. Maintenant si l'on tord le fil de manière qu'en se détordant il fasse tourner le globe de l'est à l'ouest, après que celui-ci a été placé contre le cercle, on voit la lumière et les ombres se succéder sur sa surface, et simuler la succession régulière des jours et des nuits. Mais, pendant que le globe tourne, si on le promène le long de la circonférence du cercle, son centre étant toujours dans cette circonférence, la bougie, qui est perpendiculaire à l'équateur, éclaire le globe d'un pôle à l'autre, et chacune de ses parties se trouve alternativement dans la lumière et dans

les ténèbres , ce qui fait un équinoxe perpétuel.
C'est ainsi que nous aurions toujours des jours
et des nuits d'égale durée , sans variation de
saisons , si l'axe de la terre était perpendiculaire à son orbite. Mais il n'en est pas ainsi.
Inclinons donc le cercle dans lequel tourne le
globe, sur l'axe de ce dernier, dans le sens A B
C D , par exemple. Si nous plaçons le globe
dans la partie la plus basse du cercle en Z , et
que nous le fassions tourner sur lui-même, et
autour du cercle dans le sens de l'ouest à
l'est, la bougie éclairera perpendiculairement
le tropique du Cancer, et le pôle nord verra la
lumière. *De l'équateur au cercle polaire nord ,*
les jours seront plus longs que les nuits : ce sera
l'inverse dans l'autre hémisphère. Le soleil ne
se couchera jamais pour la zone glaciale nord ,
et ne se lèvera jamais pour la zone opposée.
Mais quand le mouvement de révolution aura
porté le globe de H en E , la limite de l'ombre
approchera du pôle nord et s'éloignera du pôle
sud : les lieux qui avoisinent le premier seront
de moins en moins éclairés, et ce sera le contraire vers le second. Les jours décroissent donc
au nord et augmentent au sud à mesure que le
globe procède de H en E. Quand il est à ce
point, la bougie est dans le plan de l'équateur,
la limite des ombres s'arrête exactement aux

deux pôles, et les jours sont partout égaux aux
nuits. Enfin, quand le globe se trouve en F et
en G, nous voyons se reproduire dans un ordre
inverse, les phénomènes que nous venons d'examiner.

DE LA TEMPÉRATURE DE LA TERRE.

Le micromètre, d'accord en cela avec ce que
nous savons de la position de la terre dans l'é-
cliptique aux différentes saisons de l'année, nous
apprend que le soleil est plus près de nous de $\frac{1}{..}$
en hiver qu'en été. Cependant la température
de cette dernière saison est beaucoup plus élevée que celle de la première. Quelles en sont les
causes? Il y en a trois principales. D'abord la
constitution physique de l'atmosphère qui varie
de l'une de ces saisons à l'autre. En été, l'air est
généralement sec, mais, en hiver, il se charge
de vapeurs et affaiblit considérablement l'intensité des rayons du soleil. La seconde cause à signaler est la grande obliquité des rayons solaires
en hiver. Or, on sait qu'ils se réfléchissent en
raison de cette obliquité, et que ceux qui se réfléchissent n'échauffent pas. Enfin, et cette dernière cause est la principale, le soleil, en été,
reste bien plus long-temps au-dessus de l'horizon
qu'en hiver. La nuit, qui est le moment de la

déperdition du calorique, est plus courte, et le jour plus long. On aura une idée de l'effet que peut produire sur la température la différence des jours et des nuits, si nous disions qu'on a calculé qu'il suffirait, même au milieu de l'été, que le soleil restât dix jours sous l'horizon, pour que tout se congelât à la surface de la terre.

Terme moyen, la température va s'élevant du 5 janvier au 5 juillet, et descend du 5 juillet au 5 janvier.

La température moyenne de l'équateur est de 27° à 28°. Mais on remarque que l'hémisphère austral est beaucoup plus froid que l'hémisphère boréal. La raison en est que le premier est en grande partie recouvert par les eaux. Or, on sait que celles-ci ne s'échauffent pas aussi facilement que le sol, une grande quantité du calorique qui leur est envoyé étant incessamment absorbé par l'évaporation, la congélation et la fonte des glaces.

On a remarqué aussi que les côtes occidentales des continents sont beaucoup plus chaudes que les côtes orientales : c'est un effet des vents et de la position générale des mers. Dans nos contrées, comme en Amérique, les vents d'ouest prédominent. Or, ces vents, qui viennent des mers, sont toujours tempérés; car la température de la mer n'est jamais ni très haute, ni très basse:

et cela se conçoit, la mobilité de la masse liquide et l'équilibre qui tend à s'y maintenir, ne permettant jamais qu'une couche superficielle se refroidisse beaucoup, comparativement aux autres. Dès que sa température s'abaisse, son poids augmentant, elle descend dans la masse, et une autre vient la remplacer.

La terre a-t-elle une chaleur qui lui soit propre, ou toute celle qu'elle possède lui vient-elle du soleil? Cette dernière opinion, qui a été avancée par quelques philosophes, ne peut plus aujourd'hui se soutenir en présence des faits. On sait qu'à une certaine profondeur la température, indépendante de l'action du soleil, demeure constamment invariable, et les expériences démontrent qu'elle s'élève à mesure qu'on descend à des profondeurs plus grandes : la loi de cette progression est à peu près d'un dégré par 90 pieds.

Quelle que soit la cause de cette température propre de la terre, qu'elle provienne de l'incandescence primitive de notre planète, ou de l'action incessante des agents électriques et calorifiques que la nature met en présence, nous pouvons démontrer que cette température n'a pas changé, du moins depuis plusieurs milliers d'années. En effet, si la température générale du globe eût été, aux époques reculées, ou plus haute ou plus basse, son volume, par l'effet de la dilatation ou de la contraction, aurait été plus grand ou plus petit. Mais alors le mouvement de la lune aurait dû varier. Or, cela n'est pas, car la durée du jour sidéral est aujourd'hui exactement la même qu'aux temps les plus éloignés.

Nous avons vu que la température monte à mesure qu'on descend dans l'intérieur du sol; elle suit une progression contraire à mesure qu'on s'élève au-dessus du niveau de la mer. Dans l'état le plus ordinaire de l'atmosphère, on trouve que la température décroît également avec la hauteur, *dans* tous les climats, lorsqu'on part d'une même température inférieure : mais la loi de la progression change avec ce point de départ; de sorte que, dans les zones tempérées, par exemple, d'après les observations de Saussure, elle est, en hiver, de 230 mètres par chaque degré du thermomètre centigrade, et de 160 en été. Il y a donc une hauteur où le refroidissement progressif atteint le terme de la glace; de là l'existence des neiges éternelles sur les hautes montagnes, et l'inégale élévation du point où elles commencent dans les différents climats. Le décroissement vertical de la température varie encore avec les saisons, l'exposition des lieux, et même l'état plus ou moins transparent du ciel.

Un des travaux les plus curieux du siècle est l'application importante que M. de Humboldt a faite de la géographie des plantes à la mesure de la température moyenne des lieux. Ce célèbre voyageur a déterminé d'une manière générale l'élévation et la température des zones où chaque plante semble se complaire. Chaque végétal ne peut vivre qu'entre certaines limites déterminées de température ; et la proximité de ces limites est indiquée par sa végétation plus ou moins chétive. L'aspect des végétaux qui subsistent dans chaque contrée offre donc comme une sorte de thermomètre vivant, qui indique au voyageur la moyenne des températures annuelles et leurs extrêmes.

En général, on conçoit que dans une masse aussi vaste et aussi mobile que l'atmosphère, les causes d'agitation les plus légères peuvent produire les plus grandes et les plus durables perturbations. On voit donc qu'il doit fréquemment résulter de pareils effets des petites variations locales qui surviennent dans la température, et qu'il doit en résulter de plus grands et de plus constants du mouvement annuel du soleil et de son mouvement de rotation, ainsi que de l'influence plus ou moins énergique exercée par cet astre sur la terre et sur l'atmosphère dans les différentes saisons. Telles sont probablement les

causes les plus ordinaires de ces agitations souvent long-temps durables, qui se produisent dans
l'atmosphère, et qu'on appelle *les vents*.

Les plus remarquables sont ceux qui soufflent
régulièrement entre les tropiques, et qu'on appelle vents alisés. Nous empruntons aux *Eléments
de philosophie naturelle* l'explication très complète qu'ils en donnent.

Si le globe terrestre était en repos, et que le
soleil dirigeât toujours ses rayons sur la même
surface, la température de la colonne atmosphérique située au-dessus d'elle s'élèverait à un haut
degré, et *toutes les* couches de cette colonne
monteraient successivement comme l'huile à la
surface de l'eau, ou comme la fumée au-dessus
d'un foyer fortement échauffé, tandis que des
courants d'air, ou des vents, se dirigeraient constamment de toutes les parties inférieures vers
cette surface centrale. Mais la terre est continuellement en mouvement sur elle-même et
autour du soleil ; la région moyenne, la ceinture
ou zone équatoriale, peut donc être assimilée à
la surface de l'hypothèse précédente ; elle est le
lieu sur lequel le soleil, depuis l'origine des
temps, promène constamment ses rayons ; il doit
y avoir constamment, il y a donc toujours eu
des courants vers cette zone, les uns dirigés de
la partie australe, les autres de la partie boréale.

Telle est la cause de ces vents du commerce ou vents alisés, sur l'influence desquels les marins comptent aussi sûrement que sur le retour périodique du soleil, dans la plupart des situations comprises entre les trentièmes degrés de latitude boréale ou australe.

- Ces vents, toutefois, ne paraissent point raser la surface terrestre dans la direction des méridiens, c'est-à-dire, ne paraissent point souffler directement du nord et du sud, comme cela a lieu très réellement : cela tient au mouvement de rotation de la terre sur son axe; mouvement qui, en s'opérant de l'ouest à l'est, donne aux vents du nord l'apparence d'un vent qui vient droit du nord-est, et au vent du sud celle d'un vent sud-est. Ces apparences peuvent assez facilement se comprendre par les faits suivants : lorsque l'atmosphère est parfaitement calme, et qu'on est lancé au galop dans une plaine, il semble que le vent vous souffle avec une grande force dans la face. Si l'on galoppe vers l'est, et que le vent souffle directement du nord ou du sud, la double sensation qu'on éprouve se compose en une sensation résultante, et dans le premier cas, le vent parait souffler du nord-est, tandis que dans le second, il semble venir du sud est. Autre exemple : faites tourner une sphère sur un axe vertical, et laissez rouler du pôle supérieur une petite balle, ou, mieux encore, laisser couler du même point un petit filet d'eau ; la balle ou l'eau n'acquerront point immédiatement la vitesse du globe, mais ils tendront à descendre par la ligne la plus courte du pôle vers l'équateur de la sphère. Cependant la trace laissée par le liquide à la surface de la sphère ne sera point un méridien, mais bien une ligne oblique qui, si elle était prolongée, ne passerait point par le pôle inférieur. C'est ainsi que la rotation de la terre donne aux vents alisés une direction vers l'ouest, et ce n'est point, comme on le dit quelquefois, parce que le soleil les entraîne qu'ils ont cette direction.

On sait qu'à la limite où ils règnent, c'est-à-dire, à trente degrés environ dans la direction australe ou boréale, à partir du lieu occupé par le soleil, ces vents semblent venir presque directement de l'est, tandis qu'à mesure qu'on s'approche de la ligne centrale, ils frappent plus directement les navires dans le sens nord-sud ou sud-nord. Cet effet est dû à ce qu'en arrivant aux parallèles extrêmes, l'air froid, en s'échauffant, se dilate et s'élève avant d'avoir acquis la vitesse de rotation de la zone qu'il occupe ; il se meut avec moins de rapidité qu'elle, et les corps situés sur cette zone frappent l'air de l'ouest à l'est avec tout l'excès de leur vitesse, il résulte le même effet que si ; la terre étant immobile, le vent d'est soufflait constamment sur ces corps. Cependant, à mesure que les courants d'air cheminent, ils participent de plus en plus de la vitesse de rotation de la terre, qu'ils ont acquise enfin presque complétement lorsqu'ils arrivent à la ligne centrale, au milieu de la zone de 60°; dès-lors le vent d'est se fait de moins en moins sentir, à mesure qu'on se rapproche de cette ligne, sur laquelle il devient beaucoup moins sensible. Tel serait à peu près un fluide versé sur une roue tournant horizontalement, et qui s'avancerait de plus en plus du centre vers la circonférence. Parvenu dans les points voisins de cette limite du cercle, il n'aurait point encore acquis toute sa vitesse, mais la continuité de la rotation finirait par la lui communiquer complétement ; ce fluide serait alors en mouvement comme la circonférence, mais il serait en repos par rapport à elle. Il est bien entendu que nous ne faisons point entrer ici l'influence de la force centrifuge.

Pendant que l'air dense des contrées polaires se précipite vers l'équateur pour remplir le vide qui s'y forme, et donne ainsi naissance aux vents alisés, celui que l'action permanente du soleil a dilaté et élevé doit nécessairement former dans les régions supérieures de l'atmosphère un contre-courant qui va distribuer sa chaleur en se dirigeant en sens inverse du premier : c'est ce qui a lieu en effet, et l'existence de ce phénomène, prévue d'abord par le raisonnement, a été prouvée depuis par l'observation. Ainsi, l'on a reconnu que le sommet du pic de Ténériffe était constamment exposé à un vent violent, soufflant dans une direction contraire à celles des vents alisés qui soulèvent à ses pieds la surface de l'Océan. Ainsi, dans l'année 1812, la poussière volcanique, lancée de l'île de Saint-Vincent, passa en nuage épais au-dessus de la Barbade, au grand étonnement de ses habitants, et alla tomber à plus de cent milles de distances, après avoir parcouru ce trajet en sens inverse des vents violents auxquels les vaisseaux ne peuvent se soustraire que par un long détour. Ainsi, dans le passage du cap de Bonne-Espérance à Sainte-Hélène, la lumière du soleil est souvent éclipsée pendant plusieurs jours par une masse de nuages épais, qui se dirigent vers le sud, à une grande hauteur dans l'atmosphère. Ces nuages ne sont autre chose que la vapeur d'eau qui s'est élevée sous l'équateur, avec l'air échauffé, et qui se condense de nouveau en se rapprochant des régions plus froides de l'hémisphère austral.

En dehors des tropiques, où l'influence solaire

est beaucoup moins grande ; les vents sont occa-
sionnellement soumis à d'autres causes, que
malheureusement on ne connaît point encore
parfaitement. Beaucoup moins réguliers dans
les climats tempérés, on les appelle vents variables ; cependant on peut regarder comme une
règle générale, et qui s'applique à ceux-ci aussi
bien qu'à ceux-là, ce que nous avons dit des
vents alisés, notamment : que l'air en se mouvant
des pôles austral ou boréal, où il était en repos,
vers les régions équatoriales, doit produire les
effets d'un vent d'est ou d'un vent dirigé en
sens inverse du mouvement diurne, jusqu'à ce
qu'il ait acquis la vitesse de la zone au-dessus
de laquelle il souffle ; et réciproquement, que
l'air, échauffé dans les régions équatoriales, et
elevé vers les parties supérieures de l'atmosphère, où il avait à peu près acquis une vitesse
correspondante, doit, en retombant vers les
pôles avec cet excès de vitesse de l'ouest à l'est,
frapper les corps dans le même sens.

Ces vents de l'ouest, dans un grand nombre
de situations, en dehors des tropiques, sont
presque aussi réguliers que les vents dans la
zone intertropicale ; ils n'auraient pas moins de
droits que ceux-ci au nom de *vents du commerce*, tant ils abrègent la durée du passage de
New-York à Liverpool, comparée à celle du

passage inverse, c'est-à-dire de Liverpool à New-York. Ainsi, dans l'hémisphère boréal, le vent nord-vrai produit l'effet d'un vent nord-est, et le vent sud-vrai devient un vent sud-ouest. L'Angleterre est exposée à ces deux vents pendant trois cents jours de l'année. On conçoit que les phénomènes doivent être inverses dans l'hémisphère austral.

Enfin nous terminerons cette digression météorologique, en parlant de deux autres vents qui soufflent sur les côtes avec régularité, et qu'on connaît sous le nom de *brise de terre* et *brise de mer*.

Lorsque le soleil est descendu sous l'horizon, la terre et la mer que sa présence avait échauffées perdent leur calorique par voie de rayonnement; mais la déperditon, éprouvée par la surface terrestre, est beaucoup plus rapide et plus considérable que celle de la surface liquide. Les couches d'air, qui reposent au-dessus de ces deux surfaces, doivent par conséquent se refroidir diversement, et bientôt l'air qui recouvre le sol, plus froid et plus dense que celui de la mer, doit se précipiter dans l'espace que ce dernier occupe. C'est ce qui arrive sur la fin de la nuit et qui constitue la brise de terre.

Mais quand le soleil a reparu sur l'horizon, ses rayons échauffent bien plus rapidement la surface du sol que la masse des eaux, et l'air qui lubrifie l'une et l'autre, doit s'échauffer et se dilater bien davantage sur terre que sur mer. A la fin du jour, l'air plus froid et plus condensé soufflera vers la côte et produira la brise de mer.

DOUZIÈME LEÇON.

DU CALENDRIER.

On appelle *calendrier* (des calendes romaines) un tableau qui indique la division du temps par jours, semaines, mois, saisons et années. Nous allons passer rapidement en revue les principaux qui ont été employés par les différents peuples.

L'opinion des savants est que l'année des Égyptiens et des Perses avait 365 jours ; de sorte que, tous les 4 ans, elle perdait un jour sur l'année solaire, et après un intervalle de 1460 ans, qu'on appelait *période sothiaque* ou *grande année caniculaire*, l'année civile et l'année solaire recommençaient en même temps. Les 365 jours de l'année composaient 12 mois, de 3o jours chacun, et les 5 jours restant s'ajoutaient sous le nom d'*épagomènes* ou jours complémentaires. C'est ce calendrier qui a servi de modèle à celui de la république française.

*

Les Grecs avaient d'abord une année de 360 jours, qui se divisait en 12 mois de 30 jours chacun : après une période de deux ans, qu'ils appelaient *triétéride*, ils intercalaient un mois de 30 jours, de sorte qu'ils avaient alternativement une année de 360 jours et une autre de 390. Ils comptèrent ainsi jusqu'au sixième siècle environ avant notre ère. A cette époque, les connaissances astronomiques, qui avaient fait des progrès, ayant appris que la lune accomplissait sa révolution en 29 jours $\frac{1}{2}$, on doubla cette période pour en faire 2 mois, l'un de 30 jours et l'autre de 29, qui commençaient par la nouvelle lune, ou la *néoménie*. Mais comme les 12 mois ne faisaient que 354 jours, les 11 jours $\frac{1}{2}$ qui restaient, s'ajoutaient pendant une période de huit ans, appelée *octaéréide*, et formaient 3 mois intercalaires de 30 jours, qui trouvaient leur place aux troisième, cinquième et huitième années de cette période. Cette manière de compter était bien d'accord avec le cours du soleil ; mais les Athéniens, qui faisaient cette réforme, avaient appris de l'oracle que l'année devait se régler sur la marche du soleil, et les mois et les jours sur celle de la lune. L'année civile, telle qu'ils venaient de la composer, satisfaisait bien à l'ordre des dieux ; mais la seconde partie de cet ordre n'était point exécuté. En effet, après une octaéréide , la lune avait encore un jour et demi pour accomplir sa révolution. On ajouta donc, après deux octaéréides , 3 jours complémentaires, ou *épagomènes*, et on se trouva ainsi d'accord avec la lune , mais on ne l'était plus avec le soleil.

Pour résoudre la difficulté , un célèbre astronome, appelé Méton , imagina une période ou *cycle* de 19 ans , qui conciliait les mouvements du soleil et de la lune , en embrassant un nombre fini de révolutions de ces deux astres. En effet, cette période se composait de 235 lunaisons , savoir : 228 à raison de 12 lunaisons par an, et 7 autres pour les 11 jours d'excédant de l'année solaire sur l'année lunaire. Les 7 mois lunaires , dont 6 étaient de 30 jours chacun , et le septième de 29, se nommaient *embolismiques*. Cet arrangement parut si beau aux Grecs, que, lorsqu'il leur fut proposé aux jeux Olympiques, il fut reçu avec acclamation, et adopté par toutes leurs colonies. Le calcul en fut exposé en lettres d'or dans les places publiques pour l'usage des citoyens : c'est de là que lui vient le nom de *nombre d'or* , sous lequel il figure encore dans nos calendriers. Cependant le cycle de Méton n'était pas parfaitement exact , car, après 76 ans , on se trouva en avance d'un jour sur le cours de la lune. On corrigea cette erreur en établissant une période de 4 cycles de Méton, de laquelle on retrancha un jour.

Le calendrier arabe, qui est celui des Maho-métans, est exclusivement basé sur le cours de la lune. Le premier jour de chaque mois corres-pond toujours au renouvellement de cet astre. Mais les années de ce calendrier sont très vagues ; elles parcourent successivement, en retrogra-dant toutes les saisons de l'année.

Passons au calendrier romain. On sait peu de chose sur ce qu'il était avant Jules Cesar, qui le réforma. A cet effet, ayant appris d'un astro-nome *égyptien* que l'année solaire se composait de 365 jours ¼, il fit l'année civile de 365 jours, et en ajouta un sixième au bout de 4 ans, pour le quart du jour négligé. Cette quatrième année qui avait 366 jours, fut appelée *bissextile*. Les mois, au nombre de 12, furent de 30 et 31 jours, excepté celui de février, qui en eut 28 dans les années ordinaires et 29 dans les années bissex-tiles. Les Romains divisaient leurs mois en trois époques, les calendes, qui tombaient le premier jour du mois; les nones, qui étaient le 5; et les ides qui venaient le 13. Dans les mois de mars, mai, juillet et octobre, les nones étaient le 7 et les ides le 15. L'année déterminée par ce calen-drier fut appelée l'*année julienne*.

Cependant cette année était trop longue de 11

minutes 9 secondes, erreur qui montait à un jour environ en 135 ans : et le concile de Nicée ayant, en 325, fixé Pâques au 21 mars, jour de l'équinoxe, en 1582, cette fête avait remonté au 11 du même mois. Pour remédier à cet inconvénient, le pape Grégoire XIII publia une bulle qui retranchait 10 jours de l'année 1582 ; en prescrivant de compter le 15 octobre lorsqu'on serait arrivé au 5. Pour prévenir le retour d'une pareille erreur, on fit une autre modification. Le jour intercalaire avait été jusque là régulièrement ajouté à février *tous les quatre ans* : on arrêta que dans l'epace da 400 ans, on retrancherait trois bissextiles, de telle sorte qu'aujourd'hui les années bissextiles sont toutes celles dont l'indice est divisible par 4, et quand c'est une année séculaire, il faut que les chiffres significatifs de l'indice, c'est-à-dire, l'indice du siècle, soient divisibles par 4. Ainsi, 1600 a été bissextile, 1700, 1800 ne l'ont pas été, 1900 ne le sera pas non plus, mais 2000 le sera. L'erreur ainsi corrigée est actuellement si peu de chose qu'on peut sans inconvénient la négliger pendant plusieurs milliers d'années.

Tel est le *calendrier grégorien* ou *nouveau style*. Il est aujourd'hui suivi dans presque toute la chrétienté. Les Anglais ne l'adoptèrent qu'en 1752, et leur 3 septembre fut reporté au 14, attendu que le calendrier julien présentait à cette époque, une erreur de 11 jours. Il n'y a maintenant en Europe que les Russes et les chrétiens du rite grec qui suivent le calendrier julien, dont l'année commence maintenant 12 jours après la nôtre. C'est la cause de la différence que nous voyons entre nos dates et les leurs.

Les mois se subdivisent en semaines. Chez nous la semaine est de sept jours, qui sont les lundi, mardi, mercredi, jeudi, vendredi, samedi et dimanche, noms qui dérivent de ceux des planètes : ainsi le lundi est le jour de la lune, le mardi celui de Mars, le mercredi celui de Mercure, le jeudi celui de Jupiter, le vendredi celui de Vénus, le samedi celui de Saturne et le dimanche celui du soleil, comme l'étymologie l'indique dans les autres langues. Mais ce que nous n'aurions pas trouvé, si les historiens ne nous l'eussent appris, c'est l'ordre dans lequel ces planètes donnaient leurs noms aux jours de la semaine. Les anciens classaient les planètes, ou du moins les astres qu'ils considéraient comme tels, selon la durée des révolutions, ainsi : Saturne, Jupiter, Mars, le soleil, Vénus, Mercure et la lune. Or, voici comment ces planètes ainsi rangées ont donné leurs noms au jour de la semaine, dans l'ordre qu'ils ont aujourd'hui. La première heure du samedi, par exemple était consacrée à Saturne qui, pour cette raison, donnait son nom au jour. La seconde heure était consacrée à Jupiter, la 3ᵉ à Mars, la 4ᵉ au soleil, la 5ᵉ à Vénus, la 6ᵉ à Mercure et la 7ᵉ à la lune; puis la 8ᵉ à Saturne, et ainsi de suite; jusqu'à la 24ᵉ heure qui se trouvait, en suivant toujours cette marche, consacrée à Mars. La première heure du jour suivant était donc consacrée au soleil, qui vient ensuite; et le jour prenait son nom; la 2ᵉ heure était consacrée à Vénus, etc. On verra, en poursuivant ce calcul, que chaque jour de la semaine vient ainsi, à son tour, recevoir son nom de la planète à laquelle la première heure était consacrée.

Il nous reste à dire un mot de quelques locutions employées dans les calendriers.

Le *cycle solaire* est une période de 28 ans, après laquelle les jours de la semaine reviennent dans le même ordre et au même quantième des mois, tant que les années bissextiles se succèdent régulièrement tous les 4 ans. Les années bissextiles recommencent aussi à l'expiration du cycle solaire, la même course à l'égard des jours de la semaine, sur lesquels tombent ceux des mois. Le cycle solaire doit son origine à ce que l'année ne contient pas un nombre exact de semaines, puisqu'elle en renferme 52 et 1 jour. Ce cycle ne serait donc que de 7 ans (puisqu'après ce temps le jour excédant de chaque année ferait une semaine), s'il n'y avait pas d'années bissextiles ; mais comme il y a une de ses années tous les quatre ans, le cycle ne peut être accompli qu'il n'en contienne 7 , afin que le jour excédant de chacune de ces années donne une semaine.

Nous avons déjà parlé du cycle de la lune, dont l'année s'appelle *nombre d'or*. C'est une période de 19 ans, après laquelle le soleil et la lune se retrouvent à la même position, ou à peu de chose près , puisque les conjonctions, les oppositions, etc., de ces corps , sont, à une heure et demie près, les mêmes qu'au commencement de la période, les mêmes jours des mois.

Puisque ce n'est qu'après 19 ans que les années solaire et lunaire recommencent ensemble, il y a dans l'intervalle un excès de la première sur la seconde. C'est ce nombre de jours dont l'année solaire excède l'anné lunaire que l'on désigne sous le nom d'*épacte*.

TABLE
DES LATITUDES ET DES LONGITUDES
DES PRINCIPALES VILLES DE FRANCE.

Noms des lieux.	Latitude.	Longitude.
Agen.	44° 12′ 22″	1° 43′ 40″ O.
Ajaccio.	41 55 1	6 23 49 E.
Alby.	43 55 46	0 11 42 O.
Alençon.	48 25 48	2 14 53 O.
Amiens.	49 53 41	0 2 4 O.
Angers.	47 28 9	2 53 15 O.
Angoulême.	45 38 57	2 10 59 O.
Arras.	50 17 34	0 26 10 E.
Auch.	43 38 39	1 45 4 O.
Aurillac.	44 55 41	0 6 25 E.
Auxerre.	47 47 57	1 14 6 E.
Avignon.	43 57 8	2 28 15 E.
Bar-le-Duc	48 46 5	2 50 0 E.
Beauvais.	49 26 7	5 15 15 O.
Besançon.	47 13 45	3 42 30 E.
Blois.	47 35 20	0 59 59 O.
Bordeaux.	44 50 14	2 54 14 O.
Bourbon-Vendée.	46 37 17	3 39 38 O.
Bourg.	46 12 26	2 53 30 E.
Bourges.	47 5 4	0 3 42 E.
Caen.	49 11 12	2 41 53 O.
Cahors.	44 25 59	0 52 58 O.
Carcassonne.	43 12 54	0 0 45 E.

27

Noms des lieux.	Latitude.	Longitude
Châlons-sur-Marne.	48° 57′ 16″	2° 1′ 46″ E.
Chartres.	48 26 54	o 5o 55 E.
Châteauroux. . .	46 48 46	o 38 5o O.
Chaumont. . . .	48 6 i3	2 5o o E.
Clermont-Ferrand..	45 46 44	o 45 2 E.
Colmar.	48 4 44	5 2 11 E.
Digne.	44 5 i8	3 54 4 E.
Dijon. |. . . .	47 19 25	2 41 5o E.
Draguignan. . .	43 32 18	4 8 18 E.
Épinal.	48 10 33	4 6 57 E.
Évreux.	48 55 3o	1 10 56 O.
Foix.	42 57 45	o 43 53 O.
Gap.	44 33 37	3 44 47 E.
Grenoble. . . .	45 11 42	3 23 24 E.
Guéret.	46 10 12	o 28 10 O.
Laon.	49 33 54	1 17 12 E.
La Rochelle. . .	46 9 21	3 29 55 O.
Laval.	48 4 i4	3 6 38 O.
Le Mans. . . .	48 o 3o	o 8 4o O.
Le Puy.	45 2 5i	1 33 21 E.
Lille.	5o 37 5o	o 44 16 E.
Limoges. . . .	45 49 53	1 4 52 O.
Lons-le-Saulnier. .	46 4o 34	3 13 9 E.
Lyon.	45 45 58	2 29 9 E.
Mâcon.	46 i8 27	2 29 53 E.
Marseille. . . .	43 17 49	3 2 o E.
Melun.	58 32 23	o 19 23 E.
Mende.	44 3o 42	1 9 19 E.
Metz.	49 7 10	3 5o i3 E.
Mézières. . . .	49 45 47	2 23 i6 E.
Montauban. . .	44 o 55	o 59 3o O.

Noms des lieux.	Latitude.	Longitude.
Montbrison. . ..	45° 36' 41"	1° 44' 8" E.
Mont-Marsan. . .	43 54 42	2 49 55 O.
Montpellier. . .	43 36 16	1 32 30 E.
Moulins.. . . .	46 34 4	0 59 59 E.
Nancy.	48 41 55	3 50 16 E.
Nantes.	47 13 9	3 52 59 O.
Nevers.	46 59 17	0 49 16 E.
Niort.	45 20 8	2 49 27 O.
Nîmes.	43 50 8	2 1 30 E.
Orléans.. . . .	47 54 12	0 25 34 O.
Paris.	48 50 13	0 0 0
Pau.	43 19 1	2 42 48 O.
Périgueux. . . .	45 11 8	1 36 41 O.
Perpignan. . . .	42 42 3	0 33 54 E.
Poitiers.	46 35 0	1 59 32 O.
Privas.	44 42 33	2 15 32 E.
Quimper. . . .	47 58 29	6 26 0 O.
Rennes. . . .	48 6 50	4 1 2 O.
Rodez.	44 21 8	0 14 14 E.
Rouen.	49 26 27	1 14 16 O.
Saint Brieux. . .	48 31 2	5 4 10 O.
Saint-Lô. . . .	49 6 57	3 25 53 O.
Strasbourg. . . .	48 34 56	5 24 36 E.
Tarbes.	43 13 52	2 16 1 O.
Toulouse. . . .	43 35 46	0 53 45 O.
Tours.	47 23 46	1 38 37 O.
Troyes.	48 18 5	1 44 34 E.
Tulles.	45 16 3	0 33 58 E.
Valence.	44 55 59	2 33 10 E.
Vannes.	47 39 26	5 5 19 O.
Versailles. . . .	48 48 21	0 12 53 O.
Vesoul.	47 37 50	3 49 39 E.

TABLE

Des jours de l'année moyenne auxquels une montre réglée doit avancer ou retarder d'un nombre entier de minutes sur le midi du soleil.

JOURS.		Avance. Minutes.	JOURS.		Retard. Minutes.	JOURS.		Retard. Minutes.
Janvier.	2	4	Mai.	1	3	Octobr.	4	11
	4	5		15	4		7	12
	6	6		30	3		11	13
	8	7	Juin.	5	2		15	14
	11	8		11	1		20	15
	13	9		16	0		28	16
	16	10		A.		Novemb	16	15
	19	11		20	1		21	14
	22	12		25	2		25	13
	27	13		30	3		28	12
Février.	1	14	Juillet.	5	4	Décemb	1	11
	21	14		11	5		3	10
	28	13		22	6		6	9
Mars.	5	12	Août.	11	5		8	8
	9	11		16	4		10	7
	12	10		21	3		12	6
	16	9		25	2		14	5
	19	8		29	1		17	4
	23	7	Septem.	1	0		19	3
	26	6		R.			21	2
	29	5		4	1		23	1
Avril.	1	4		7	2		25	0
	5	3		10	3		A.	
	8	2		13	4		27	1
	12	1		16	5		29	2
	16	0		19	6		30	3
	R.			22	7			
	20	1		24	8			
	25	2		27	9			
				30	10			

HEURES DE LA PLEINE MER

DANS LES

PRINCIPAUX PORTS DES CÔTES DE L'EUROPE,

Les jours de la nouvelle et pleine lune, et longitude
de ces ports en minutes de temps.

NORD DE L'EUROPE SUR LA MER D'ALLEMAGNE.

	Établiss.	Longit.
Hambourg. *Elbe.*	5^h 0′	31′. E.
Cuxhaven. *Elbe.*	0 40	26. E.
Gestendorp. *Weser.*	1 10	25. E.
Vegesach. *Weser.*	4 15	26. E.
Eckwarden. *Jahde.*	0 50	24. E.
Delfzill. *Ems.*	0 15	19. E.
Groningue.	11 15	17. E.
Amsterdam.	3 0	10. E.
Rotterdam.	3 0	9. E.
Moerdich.	5 15	9. E.
Bergen-op-Zoom.	3 0	8. E.
Flessingue. *Bouches-de-l'Escaut.*	1 0	5. E.
Anvers.	4 25	8. E.
Ostende.	0 20	2. E.
Nieuport.	0 15	2. E.

FRANCE,

	Établiss.	Longit.
Dunkerque.	11ᵇ45′	0′.
Calais.	11 45	2. O.
Boulogne.	10 40	3. O.
Dieppe.	10 30	5. O.
Le Hâvre-de-Grace.	9 15	9. O.
Honfleur.	9 15	8. O.
La Hougue.	8 0	16. O.
Cherbourg.	7 45	16. O.
Jersey.	6 0	18. O.
Guernesey.	6 0	20. O.
Mont-Saint-Michel. . . .	6 30	15. O.
Saint-Malo.	6 0	17. O.
Morlaix.	5 15	24. O.
Brest. *Le Port.*	3 33	27. O.
Lorient. *Le Port.*	3 30	23. O.
La Roche Bernard. . . .	4 30	19. O.
La Loire. *L'embouchure.* .	3 45	18. O.
L'île d'Oléron. *Au Château.*	4 0	14. O.
Pertuis-de-Maumusson. . .	3 30	14. O.
L'île d'Aix.	3 40	14. O.
Rochefort.	4 15	13. O.
Embouch. ⎰Tour de Cordouan.	3 40	14. O.
de la ⎱Royan.	3 40	13. O.
Gironde. ⎱Bordeaux. . . .	7 45	12. O.
Rade de la Teste-de-Buch, près de la chapelle. . .	4 45	14. O.
En dehors et près de la barre du bassin d'Arcachon. . .	3 40	14. O.
Bayonne.	3 30	15. O.

ESPAGNE ET PORTUGAL.

	Établiss.	Longit.
Lisbonne.	4ʰ 0'	46' O.
Cadix *Le mole*.	1 15	34. O.
Gibraltar.	0 0	31. O.

ÉCOSSE.

Le canal des Orcades. . . .	8 15	21. O.
Montrose.	1 30	19. O.
La rivière de Humbert. . .	5 15	10. O.

ANGLETERRE.

Londres. *Tamise.*	2 45	10. O.
Embouchure de la Tamise.		
North Foreland.	11 15	4. O.
Douvres.	10 50	4. O.
Le cap Dungeness.	10 30	6. O.
Portsmouth.	11 40	14. O.
Plymouth.	6 5	26. O.
L'île Sainte-Marie. *Sorlingues.*	4 30	34. O.
Bristol.	6 45	20. O.
Liverpool.	11 0	21. O.

IRLANDE.

Dublin.	9 45	35. O.
Waterford.	5 0	38. O.
Cork. *Dans la baie.* . . .	4 20	43. O.
La rivière Shannon. *L'embouchure.*	3 45	48. O.
Limerick.	6 0	44. O.

FIN.

Table des Matières.

FIN DE LA TABLE.

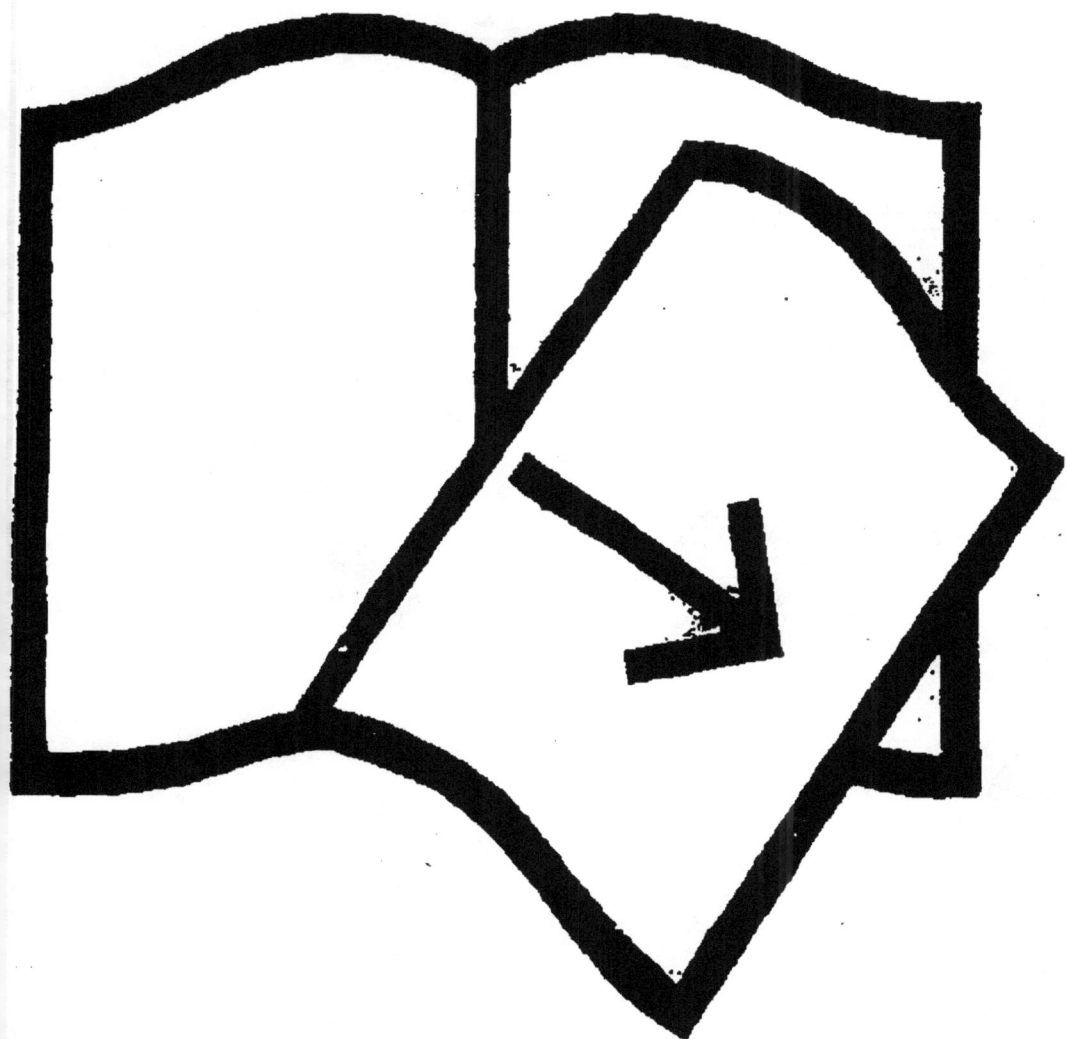

Documents manquants (pages, cahiers...)

NF Z 43-120-13

Planche 1 manquante

Pl. 2.

Fig. 1.

Fig. 2.

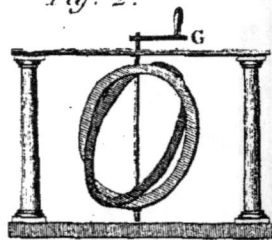

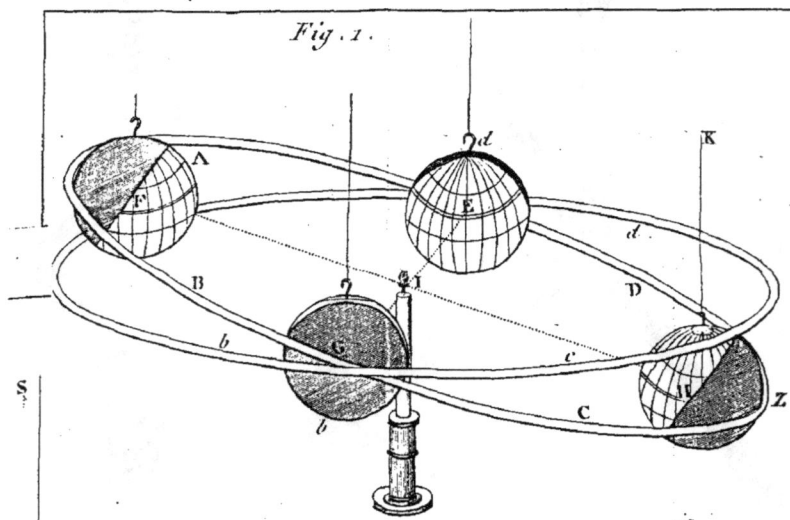

S.

Fig. 3.

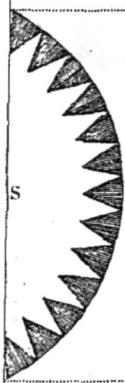

S

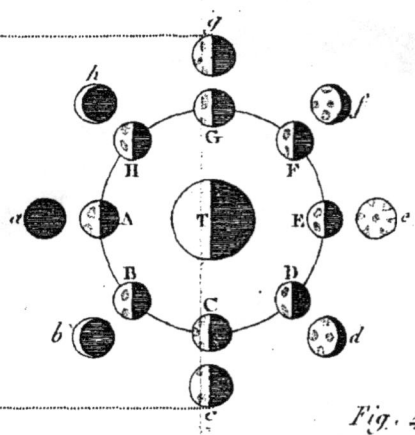

Fig. 4.

Fig. 5.

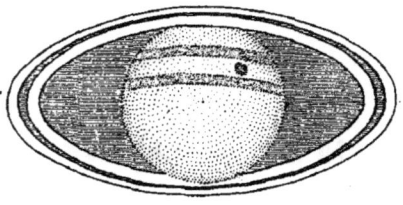

Gravé par Ambroise Tardieu.

Pl. 3.

Fig. 1.

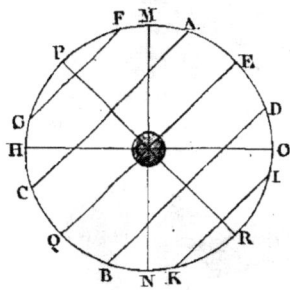

Fig. 5.

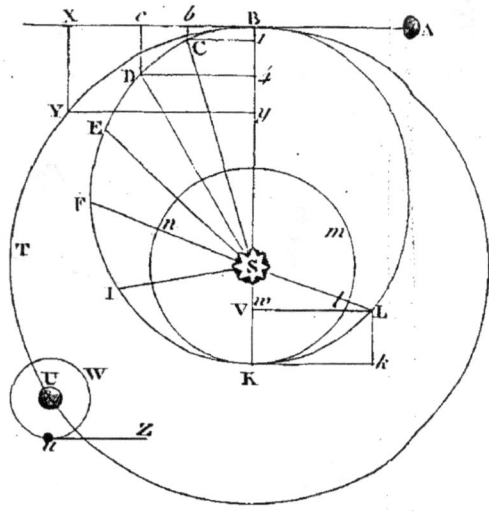

Fig. 2.

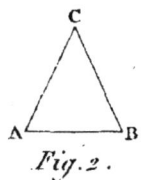

Fig. 3.

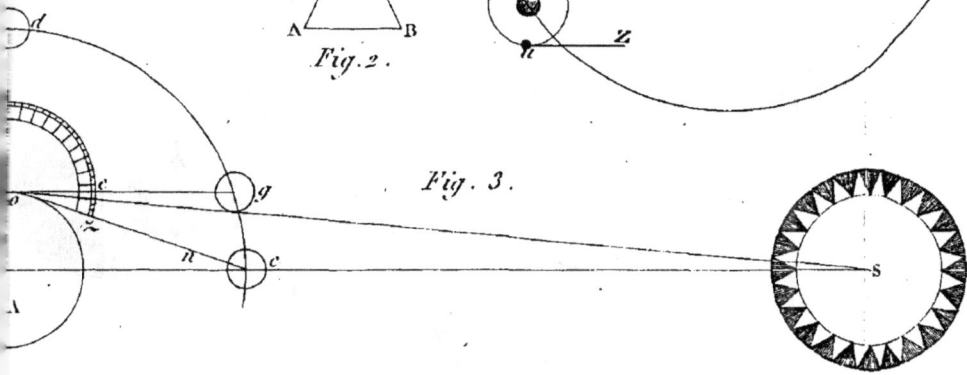

Fig. 4.

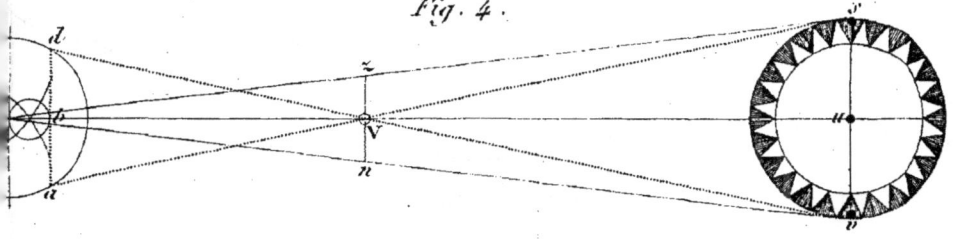

Gravé par Ambroise Tardieu.

Pl. 4.

Fig. 2.

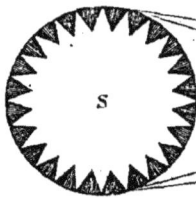
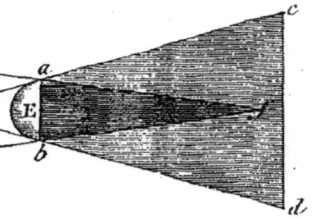

Fig. 3.

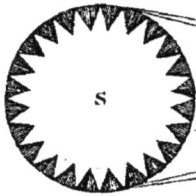
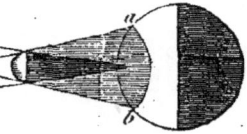

Fig. 4.

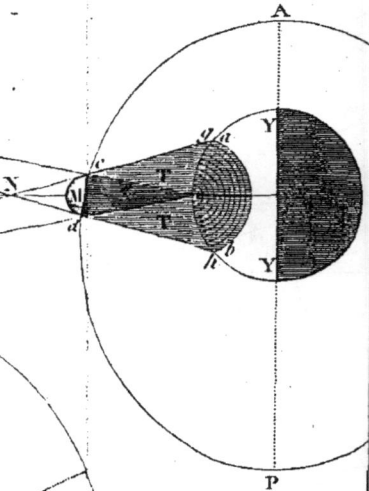

Fig. 1.

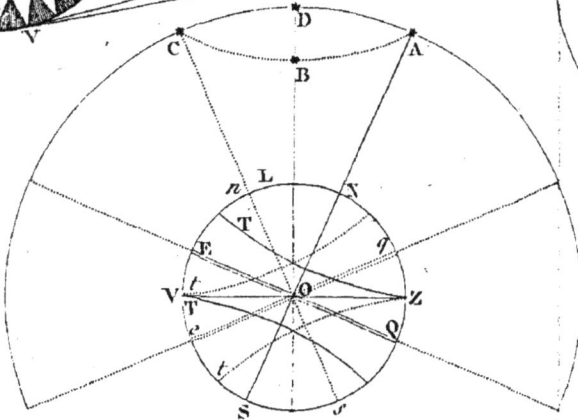

Gravé par Ambroise Tardieu.

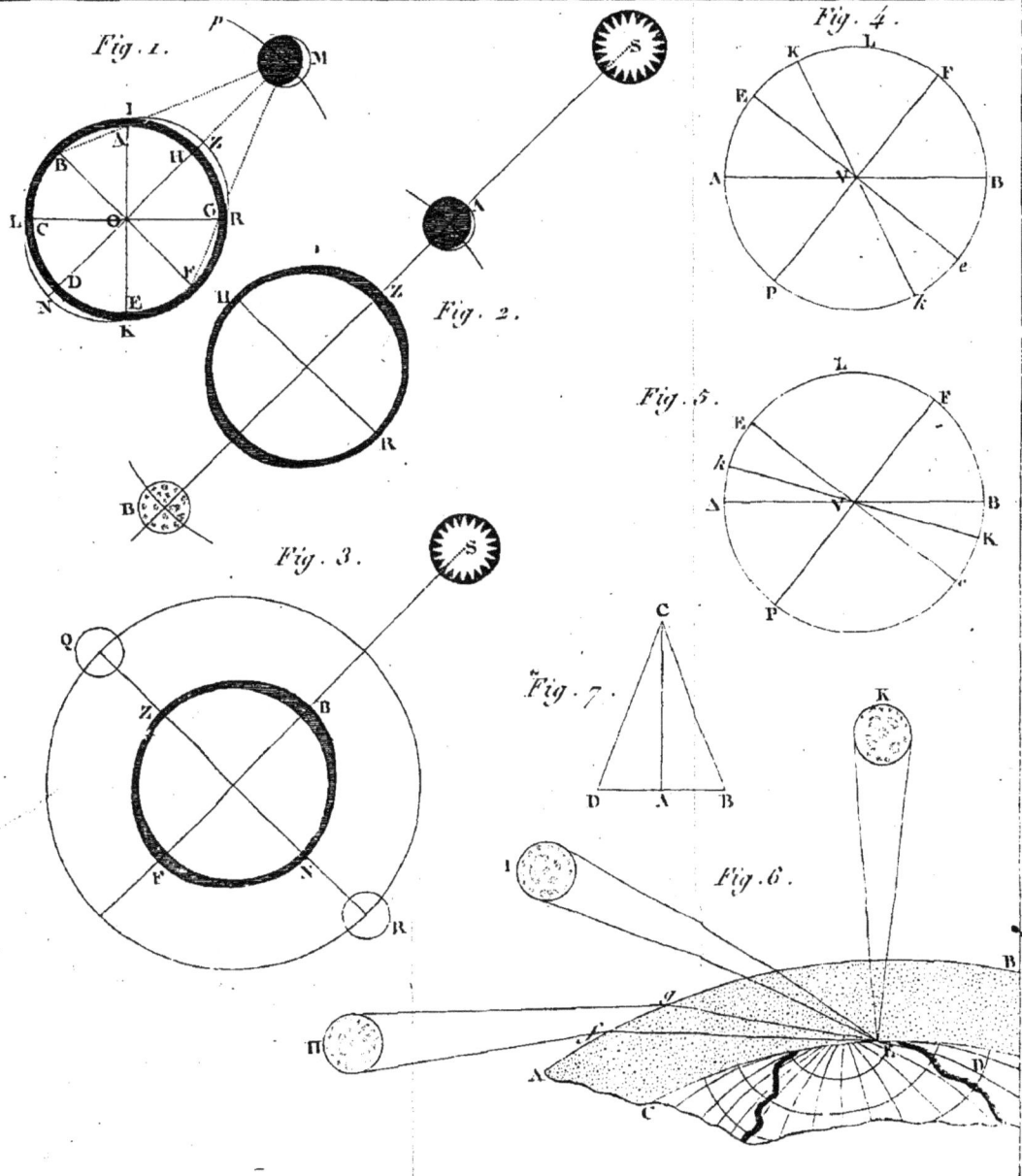

Pl. 5.

Fig. 1.

Fig. 2.

Fig. 3.

Fig. 4.

Fig. 5.

Fig. 6.

Fig. 7.